1000MW 超超临界
二次再热机组设计优化与
调试运行技术

广东大唐国际雷州发电有限责任公司
大唐华东电力试验研究院 组编
大唐江苏发电有限公司

中国电力出版社
CHINA ELECTRIC POWER PRESS

内 容 提 要

随着电力工业的迅速发展，高参数、高效率、大容量火电机组已成为当前电力生产的主力机组。近年来，随着一批二次再热机组的建设和投运，我国已经掌握了超超临界二次再热机组设计、制造、安装和运行技术。广东大唐雷州发电有限责任公司1000MW超超临界二次再热机组项目本着"建设创精品、运营创金牌、对外创名片"的理念，充分吸收集成国内外超超临界1000MW二次再热机组的先进经验，从立项、设计、设备选型、安装、调试到运营各个环节，进行了全面优化并达到预期。本书旨在将1000MW二次再热机组设计、调试与运行优化的经验介绍给广大读者朋友们，以供借鉴并加以推广。

本书可作为从事1000MW及其他大型火电机组设计、安装、调试、运行、检修等工作的工程技术人员和管理人员培训用书，也可供高等院校相关专业师生学习参考使用。

图书在版编目（CIP）数据

1000MW超超临界二次再热机组设计优化与调试运行技术/广东大唐国际雷州发电有限责任公司，大唐华东电力试验研究院，大唐江苏发电有限公司组编 . —北京：中国电力出版社，2024.8

ISBN 978-7-5198-8385-0

Ⅰ.①1… Ⅱ.①广…②大…③大… Ⅲ.①火电厂-超临界机组-发电机组-调试方法②火电厂-超临界机组-发电机组-运行 Ⅳ.①TM621.3

中国国家版本馆CIP数据核字（2023）第237934号

出版发行：中国电力出版社
地　　址：北京市东城区北京站西街19号（邮政编码100005）
网　　址：http：//www.cepp.sgcc.com.cn
责任编辑：孙　芳（010－63412381）
责任校对：黄　蓓　朱丽芳
装帧设计：王英磊
责任印制：吴　迪

印　　刷：三河市万龙印装有限公司
版　　次：2024年8月第一版
印　　次：2024年8月北京第一次印刷
开　　本：787毫米×1092毫米　16开本
印　　张：11
字　　数：237千字
印　　数：0001—1000册
定　　价：108.00元

《1000MW超超临界二次再热机组设计优化与调试运行技术》

编 委 会

主 任 委 员　熊康军

副主任委员　吴克锋　宋立信　周友幸　张　辉

委　　　员　李大才　王　体　南继强　刘晓明

　　　　　　陈延云　陈　涛

主　　　编　王国强　彭　荣

编 写 人 员　（按姓氏笔画排序）

　　　　　　丁继武　马启磊　王　体　王国强

　　　　　　邓荣树　石军伟　冯志金　匡　磊

　　　　　　任佳炯　刘文慧　刘晓明　孙书耀

　　　　　　孙智斌　李大才　李　理　李　聪

　　　　　　吴戈杨　吴克锋　吴志华　宋立信

　　　　　　张　辉　张学富　陈　涛　陈延云

　　　　　　周友幸　郑建业　胡中强　南继强

　　　　　　贺善君　莫锦锋　周　斌　郭先宇

　　　　　　彭　荣　蒋寻寒　韩　磊　熊康军

前　言

　　随着电力工业的迅速发展，高参数、高效率、大容量火电机组已成为当前电力生产的主力机组。近年来，随着一批二次再热机组建设和投运，我国已经初步掌握了超超临界二次再热机组设计、制造、安装和运行技术。广东大唐国际雷州发电有限责任公司 1000MW 超超临界二次再热机组项目本着"建设创精品、运营创金牌、对外创名片"的理念，充分吸收集成国内外超超临界 1000MW 二次再热机组的先进经验，从立项、设计、设备选型、安装、调试到运营各个环节，进行了全面优化并达到预期。该项目于 2021 年 5 月荣获中国电力优质工程奖。

　　本书共分 7 章，第 1 章二次再热概念及发展，讲述了二次再热的概念、国内外超超临界二次再热技术发展状况、超超临界二次再热关键技术及难点、二次再热机组适应新型电力系统的问题；第 2 章二次再热机组设备及系统概述，讲述了锅炉设备、汽轮机设备、电气设备、控制系统，以及全厂在线监测装置综合管理系统；第 3 章二次再热机组设计优化，详细讲述了锅炉布置方案和可靠性分析，主、再热蒸汽温度调节控制方式，烟气再循环系统，风机选型优化，给水系统选型设计优化，一、二次再热系统压降优化，宽负荷节能设计，汽轮机通流选型优化，汽轮机冷端设计优化，循环水系统节能优化，循环水引水明渠优化，低温省煤器复合烟气余热利用，二次再热锅炉启动系统优化，火检冷却风系统优化；第4章二次再热机组分部试运与运行控制，讲述了汽轮机主要辅机单机试运及分系统试运、锅炉主要辅机单机试运、电气设备分部试运、二次再热机组化学清洗、锅炉蒸汽冲管运行调整；第5章二次再热机组整套启动调试与运行控制，讲述了机组整套启动试运、机组整套启动调试主要试验、机组整套启动的问题及处理；第6章二次再热机组启动、停机控制，讲述了机组启动控制、机组停机控制；第7章二次再热机组自动控制优化，讲述了机组滑压性能试验、汽轮机滑压曲线深度优化、给水量控制系统、过热汽温控制系统、再热蒸汽温度控制系统、一次调频优化、二次再热机组变负荷运行优化、低温省煤器优化运行。

本书结合现场实际，旨在将 1000MW 二次再热机组设计、调试与运行优化的经验介绍给广大读者朋友们，以供借鉴并加以推广。

限于编者水平和编写时间紧迫，疏漏之处在所难免，敬请读者批评指正。

编 者
2024 年 6 月

目　录

1

二次再热概念及发展

1.1 二次再热概念

2021 年 3 月，我国提出 2030 年前实现碳达峰、2060 年前实现碳中和的总体目标，要构建清洁低碳安全高效的能源体系，控制化石能源总量，着力提高利用效能，实施可再生能源替代行动，深化电力体制改革，构建以新能源为主体的新型电力系统。新能源在未来电力系统中的主体地位首次得以明确。国内正加快构建适应高比例可再生能源发展的新型电力系统，积极推动经济绿色低碳转型和可持续发展。

未来相当长时期内，煤炭仍将是中国的主要能源。实现煤炭的清洁化利用，成为中国构建安全、稳定、经济、清洁的现代能源产业体系的关键环节。"双碳"目标要求煤电机组降低煤耗、减少排放，发展高效超超临界二次再热机组顺应了这个潮流。

二次再热技术代表当前世界领先的发电技术，是目前提高火电机组热效率的有效途径。一般常规机组均采用蒸汽一次中间再热，即将汽轮机高压缸排汽送入锅炉再热器中再次加热，然后送回汽轮机中压缸和低压缸继续做功。再热技术通过提高蒸汽膨胀过程干度、焓值提高蒸汽的做功能力，增加第二次再热就是为此目的。在相同主蒸汽与再热蒸汽参数条件下，二次再热机组的热效率比一次再热机组提高 1.5%～2%，二氧化碳减排约 3.6%；且目前技术成熟的铁素体合金材料和奥氏体合金材料能够满足二次再热超超临界机组的安全要求。但二次再热会使机组结构、调控和操作运行更加复杂，汽轮机需增加一级超高压缸和相应的控制机构，热力系统也更加复杂。二次再热机组相比一次再热机组过热蒸汽吸热比例相对减小，再热蒸汽吸热比例增大，再热蒸汽温度调节困难，汽温的各种调节方法还有待运行实践和经验积累。

1.2 国内外超超临界二次再热技术发展状况

二次再热技术的应用始于 20 世纪 50 年代，美国、日本、欧盟等均有二次再热机组运行业绩。前期发展过程中受金属材料、系统结构复杂、机组可用率不高等问题的影响，机组运行可靠性和经济性较差；到 20 世纪 80 年代，美国电力研究所（EPRI）在总结前期运行经验教训后，依据当时技术水平进行了可行性优化研究，得出以下结论：采用机组容量 700～800MW、蒸汽参数 31MPa/566～593℃/566～593℃/566～593℃ 为最佳。由于美国电力工业大力发展高效燃气蒸汽联合循环，上述研究成果并未在美国实施，却在欧洲及日本等得到应用，当前国外有日本和丹麦等少数几台二次再热机组保持运行。

1.2.1 美国

美国在 20 世纪 50～60 年代投运了一批二次再热机组。1957 年，美国第一台超超临界二次再热机组在 Philo 电厂投运，机组容量为 125MW，蒸汽参数为 31MPa/621℃/566℃/538℃。锅炉采用 π 型布置、垂直管屏水冷壁和四角切圆燃烧方式。1958 年，Eddystone 电厂投运了 1 台二次再热机组，机组容量为 325MW，蒸汽参数为 36.5MPa/654℃/566℃/566℃。锅炉采用 π 型布置、对冲燃烧方式，水冷壁采用垂直管屏。机组按设计参数运行了 8 年，期间出现过许多材料问题引起的故障，1968 年起蒸汽参数被迫降到 31MPa/610℃/577℃/577℃。另外，美国还建造了机组容量 580MW、蒸汽参数 24.1MPa/528℃/552℃/566℃ 的 TannersCreek 电厂。

1.2.2 日本

日本的超超临界技术结合了美国的 EPRI 研究成果。其最初在川越电厂（Kawagoe Thermal Power Station）投运的 2 台超超临界机组只提高了主蒸汽压力但未提高温度，造成二者不匹配，影响机组安全运行。因此，采用二次再热技术可防止汽轮机末级排气湿度过高。这两台机组容量均为 700MW，蒸汽参数为 32.9MPa/571℃/569℃/569℃。锅炉采用 π 型布置、八角双切圆燃烧方式，水冷壁为垂直管屏。另外，还在姬路第二电厂投运 1 台容量为 600MW 的二次再热机组，蒸汽参数为 25.5MPa/541℃/554℃/548℃。锅炉采用 π 型布置、膜式水冷壁和对冲燃烧方式。由于采用新型表面换热器控制过热器温度，负荷变动时二次再热段的出口蒸汽温度有着良好的提升、跟踪特性。

川越电厂 1、2 号机组是采用超超临界压力二级再热系统，汽轮机入口参数为 31MPa/566℃/566℃/566℃，机组效率达到 46.3%。该电厂锅炉为三菱重工制造的二级中间再热直流炉，机组分别于 1989 年 3 月、1990 年 6 月投入商业运行。

锅炉为 π 型布置，燃用液化天然气（LNG），炉膛为长方形断面，采用反向双切圆燃烧，燃烧器共 4 层，每层有 8 个喷燃器，共计 32 个。水冷壁采用管垂管屏。在炉膛下部水冷壁管的双相流区域，采用传热性能良好的内螺纹管；在炉膛上部，热负荷低的部分，水冷壁采用光管。锅炉布置如图 1-1 所示。

再热蒸汽温度的控制，主要通过烟气再循环加尾部烟气挡板的调节方式实现。同时，烟气再循环对降低锅炉的 NO_x 排放也有显著作用。

1.2.3 欧洲

德国也是较早研究、应用二次再热技术的国家。早在 1956 年就投运了 1 台机组容

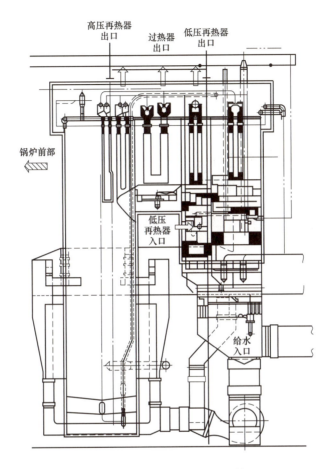

图 1-1　日本川越电厂锅炉布置简图

量为 88MW、蒸汽参数为 34MPa/610℃/570℃/570℃ 的二次再热机组。1970 年又投运了曼海姆电厂 7 号二次再热机组，锅炉为单烟道塔式炉，机组供电容量为 465MW，供热容量为 465MW，蒸汽参数为 25.5MPa/530℃/540℃/530℃。

丹麦的超超临界技术处于世界领先水平。诺加兰德电厂（Nordjylland Power Station）二次再热机组容量为 415MW、蒸汽参数为 29MPa/582℃/580℃/580℃。锅炉采用半塔形布置、四角切圆燃烧方式，水冷壁采用螺旋管圈型式。由于采用深海水冷却技术，机组净效率为 47%，是当时世界上效率最高的超临界火电机组。诺加兰德电厂锅炉布置如图 1-2 所示。

诺加兰德电厂 3 号机为燃油/煤供热的二次再热机组，该机组的锅炉适用多种燃料，能带中间负荷，锅炉为本生直流塔式炉。该机组 1998 年投入商业运行。锅炉的炉膛截面尺寸为 12.25m×12.25m，高为 70m。炉膛四角设计 16 只燃烧器和 4 只辅助点火燃烧器，适合煤、油双燃。

二次再热器系统调温方式为：高压再热蒸汽温度采用微量喷水调节；低压再热温度

3

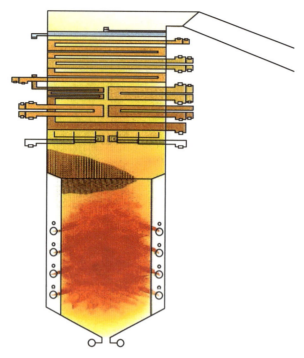

图 1-2　诺加兰德电厂锅炉布置简图

采用冷烟气再循环来控制。另外，再循环烟气取自空气预热器后。

1.2.4　国内

中国一直积极发展先进燃煤发电技术，二次再热技术作为一种能提高当前机组效率的可行措施得到了广泛关注。近些年，国电泰州发电有限公司（简称国电泰州）、华能安源发电有限责任公司（简称华能安源）、国电蚌埠发电有限责任公司（简称国电蚌埠）、华能莱芜发电有限公司（简称华能莱芜）、华电句容发电有限公司（简称华电句容）、广东大唐国际雷州发电有限责任公司（简称大唐雷州）等陆续投产了超超临界二次再热发电机组。

国电泰州建设 2 台百万千瓦超超临界二次再热燃煤发电机组，于 2015 年发电。该机组设计蒸汽参数 31MPa/600℃/613℃/613℃，设计发电煤耗 256.2g/kWh，机组发电效率高达 47.94%。大唐雷州建设 2 台百万千瓦超超临界二次再热燃煤发电机组，于 2019 年发电。该机组设计蒸汽参数 33.5MPa/605℃/623℃/623℃，考核试验机组发电煤耗 254.66g/kWh，机组发电效率高达 48.23%。

1.3　超超临界二次再热关键技术及难点

与一次再热机组相比，二次再热机组结构更复杂，热力系统结构布置及优化、再热蒸汽温度控制等关键技术难点均需要解决。

1.3.1　热力系统结构布置及优化

二次再热机组热力系统结构复杂，锅炉及其内部受热面、汽轮机、给水回热系统及相应阀门管道的布置对机组运行安全性和经济性影响很大。二次再热机组与一次再热机组相比，锅炉的再热级数和再热蒸汽吸热量增加，过热受热面的吸热量减少，合理布置相应的辐射及对流受热面来满足各级受热面的吸热量要求是一个难点；二次再热受热面内的工质比热容较小且质量流量比较低，容易出现热偏差问题；回热加热器的数量一般增加到9～10级，回热抽气状态点的选择、加热器端差的设计等问题都需要全面深入地考虑。总之，应从技术经济学角度进行分析，在保证热效率的同时尽可能提高机组经济性。

1.3.2　再热蒸汽温度控制

二次再热机组热力系统结构复杂。热力系统各组件的布局及优化，尤其是锅炉受热面的能量分配和给水回热系统的设计，对机组运行的经济性和安全性有着重要的影响。

国外二次再热机组在运行过程中经常出现一次、二次再热蒸汽温度达不到设计值的问题，在低负荷运行阶段问题尤为严重，导致机组运行经济性降低。燃用燃料的特性、炉膛出口过量空气系数、吹灰方式、炉膛火焰中心高度等都是影响再热蒸汽温度的因素。如何依据再热蒸汽换热以及再热受热面布置方式的特点，选取合理的调温手段使再热温度达设计值是亟待解决的难题。

影响再热蒸汽温度的因素主要有锅炉负荷、给水温度、过量空气系数、燃料种类、受热面污染等，调节再热蒸汽温度的方法通常分为蒸汽侧调节和烟气侧调节两种。蒸汽侧调节主要是指利用喷水减温来改变蒸汽的焓值，从而达到调节汽温的目的；烟气侧调节主要是指通过改变火焰中心位置、调节烟气挡板角度等手段来改变炉膛内辐射受热面和对流受热面的吸热量比例或流经受热面的烟气量，从而达到调节汽温的目的。

对于二次再热机组，主要考虑烟气侧调温方式，目前常用的烟气侧调节方法有尾部分割烟道烟气挡板法、尾部烟气再循环法、摆动燃烧器角度以及多层布置燃烧器法三种。烟气侧控制的优点是控制通道的迟延和惯性小，控制品质较好，但其存在着调温滞后和调节精确度不高的问题，常作为粗调手段，而喷水减温方式简单、可靠，故经常作为辅助控制手段。但是喷水减温是以牺牲机组的热效率为代价的，在再热蒸汽中喷入锅炉蒸发量1%的减温水，将使整个机组的热循环效率降低0.1%～0.25%，因此喷水减温一般作为烟气侧调温的辅助手段和事故喷水之用。

例如，国电泰州2×1000MW塔式二次再热锅炉采用双烟道烟气挡板及摆动式燃烧器相结合的方式调节再热蒸汽温度，喷水减温作为事故喷水减温手段；华能莱芜2×1000MW塔式二次再热锅炉、华能安源2×660MW二次再热锅炉均采用烟气再循环和烟气挡板，配合摆动式燃烧器调节再热蒸汽温度。

由此可见，由于二次再热机组多了一级再热器，影响汽温的因素也更加复杂，要想同时控制两个再热蒸汽温度，需要采用多种调温手段取长补短、相互配合，方能达到满意的控制效果。

1.4 二次再热机组适应新型电力系统的问题

2023 年 6 月，国家能源局正式发布《新型电力系统发展蓝皮书》，明确新型电力系统是以确保能源电力安全为基本前提，以满足经济社会高质量发展的电力需求为首要目标，以高比例新能源供给消纳体系建设为主线任务，以源网荷储多向协同、灵活互动为坚强支撑，以坚强、智能、柔性电网为枢纽平台，以技术创新和体制机制创新为基础保障的新时代电力系统，是新型能源体系的重要组成和实现"双碳"目标的关键载体。

在新型电力系统及电力现货市场交易条件下，大型燃煤火电机组调峰任务更重，负荷变动更快，机组供电煤耗要求更低。在安全、经济、环保运行的前提下，随着机组负荷的频繁、大区间波动，机组各项安全性和经济性指标不易保证。现有的燃煤火力发电机组，特别是大容量二次再热机组面临以下难题：

1. 如何提高机组负荷灵活性

新型电力系统中，在可再生能源发电占比较多以及用电需求侧增长乏力的情况下，燃煤机组可能面临长期处于中低负荷段下运行或者在某一时刻突然需要快速增加较大出力的情形。提高燃煤机组运行的灵活性是新形势下的应对之策，在电网指令快速变化时会造成机组主参数较大的扰动，锅炉燃烧工况变得更加不稳定，严重时甚至导致设备损坏、机组非停等事故。

2. 如何保证参数达标，且在宽负荷运行区间参数稳定

目前国内投产的二次再热机组，多存在再热蒸汽温度不达标，金属壁温超温等问题。常规百万二次再热燃煤机组协调控制系统仍采用多个相互独立的前馈控制环节，用于克服锅炉惯性，以达到快速响应机组需求的目的。但是通常在实际应用中，各个前馈量相对控制分散、"顾头不顾脚、顾脚不顾头"，没能解决机炉强耦合的控制难点，特别是在深度调峰工况下，一旦出现较大的扰动工况时，会加剧系统参数的剧烈波动，甚至出现自动控制系统被动切除现象。若低负荷段下汽轮机高调门流量特性不佳，还会引发机组协调控制发散、调门晃动、负荷振荡、汽温汽压波动等不良现象，严重危及机组运行的安全性。

3. 如何提高机组在宽负荷区间运行的经济性

不同负荷段，机组经济性存在差异；不同煤种之间的燃烧效率不同，锅炉的燃烧效率也不尽相同；不同季节，汽轮机热耗率不同。为保证企业利润最大化，降低发电成本是首要要求，特别是在深度调峰、竞价上网或电力市场现货交易的背景下，如何提高中低负荷段燃煤机组运行经济性是一个迫在眉睫的难题。

2

二次再热机组设备及系统概述

2.1 锅 炉 设 备

广东大唐国际雷州发电有限责任公司1000MW超超临界二次再热机组项目（以下简称雷州电厂项目）锅炉为HG-2764/33.5/605/623/623-YM2型超超临界参数变压运行螺旋管圈＋垂直管圈直流锅炉，其特点为单炉膛、二次再热、采用双切圆燃烧方式、平衡通风、固态排渣、全钢悬吊结构、露天布置、π型锅炉。锅炉总体布置如图2-1所示。

燃烧器为M-PM型低NO$_x$燃烧器，每台磨煤机供一层共2×4＝8只燃烧器。燃烧器为采用八角反向双切圆燃烧方式的摆动燃烧器。燃烧器区域共设六层一次风口及两个烟气再循环喷口、六层燃尽风风室、三层油风室、十八层二次风室，主燃烧器采用传统大风箱结构，由隔板将大风箱分隔成若干风室，在各风室的出口处布置数量不等的燃烧器喷嘴。二次风喷嘴可上下各摆动30°，一次风喷嘴可上下各摆动20°，以此来改变燃烧中心区的位置，调节炉膛内各辐射受热面的吸热量，从而调节再热蒸汽温度。分离型燃尽风室（SOFA）布置在炉膛前、后墙的主燃烧器上方，可以分别进行上下、左右摆动，调节燃烧中心在炉膛中的形态，并用于调节由于切圆燃烧而产生的炉膛出口处的烟温偏差。锅炉设计煤种采用塔山煤与印尼煤的混煤。燃烧器布置方案如图2-2所示。

锅炉采用螺旋管圈＋垂直管圈水冷壁系统，具有较强的负荷波动和煤质变化适应性。锅炉启动系统为带炉水循环泵的启动系统，汽水分离器为内置式。锅炉省煤器为两级布置，分别布置于尾部烟道中（低温再热器下部）、脱硝SCR（选择性催化还原法）出口。锅炉汽水系统如图2-3所示。

过热器系统按蒸汽流程分为分隔屏过热器、后屏过热器、末级过热器三级。采用煤水比进行调温，过热器系统总共设置两级（四点）减温器以保证在所有负荷变化范围内满足汽温控制要求。

再热器系统。一、二次再热器分别为低温再热器和高温再热器两级。再热器为纯对流受热面，一次高压再热器和二次高压再热器布置在中烟温区的水平烟道，一次低压再热器和二次低压再热器分别布置于尾部竖井的前后烟道。

每台锅炉配6台MP265G型中速磨煤机冷一次风正压直吹式制粉系统。

风烟系统按平衡通风方式设计，空气预热器采用容克式三分仓空气预热器。风烟系

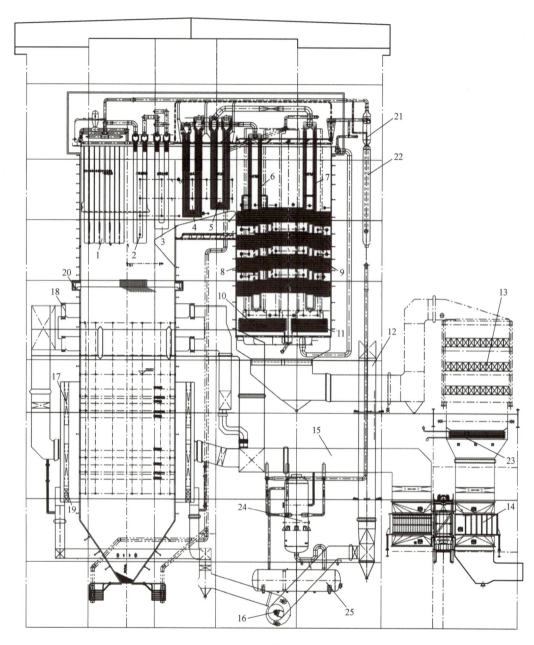

图 2-1 锅炉总体布置示意图

1—分隔屏；2—屏式过热器；3—高温过热器；4—高压高温再热器；5—低压高温再热器；
6—高压低温再热器悬吊管；7—低压低温再热器悬吊管；8—高压低温再热器；9—低压低温再热器；
10—前烟道省煤器；11—后烟道省煤器；12—烟气再循环管；13—脱硝催化剂；14—空气预热器；
15—热二次风道；16—烟气再循环风机；17—二次风箱；18—燃尽风箱；19—辅助风箱；
20—水冷壁中间集箱；21—汽水分离器；22—储水箱；23—分级省煤器；
24—启动疏水扩容器；25—启动疏水箱

统分为一次风、二次风和烟气三部分。每台锅炉设 2 台 50％ 容量的动叶可调轴流式引风机（增引合一），2 台 50％容量的动叶可调轴流式送风机，2 台 50％容量的动叶可调轴流式一次风机。

锅炉配置了 2 台三室五电场静电除尘器，1 套石灰石-石膏湿法脱硫装置，1 套选择性催化还原法（SCR）脱硝装置。通过省煤器分级布置保证 30％BMCR（boiler maximum continuous rating）最低稳燃负荷至 BMCR 负荷实现全负荷脱硝。

锅炉采用干式除渣系统，锅炉配置 1 台风冷式钢带排渣机。

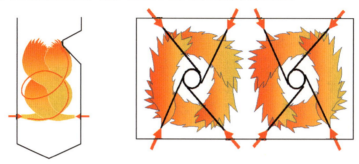

图 2-2　燃烧器布置方案

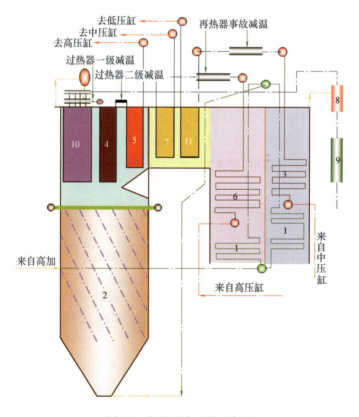

图 2-3　锅炉汽水系统示意图

1—省煤器；2—炉膛；3—低压低再；4—屏过；5—高过；6—高压低再；7—高压高再；

8—分离器；9—储水罐；10—分隔屏；11—低压高再

2.2　汽　轮　机　设　备

汽轮机为 N1000-31/600/620/620 型超超临界、二次中间再热、单轴、五缸四排汽、双背压凝汽式汽轮机，整个汽轮机轴系总长约 36m。汽轮机的通流部分由超高压、高压、中压和低压四部分组成，共设 87 级，均为反动级。超高压部分为 15 级，高压转子为 2×13 级，中压转子为 2×13 级，低压转子为 2×2×5 级。

汽轮机设置两个超高压、两个高压及两个中压联合汽门。机组不设调节级，采用切向进汽、全周进汽方式，采用定-滑-定运行的方式；控制系统提供超高/高/中压缸联合启动、高/中压缸联合启动两种启动方式。

主机调速系统采用高压抗燃油系统，设有一个独立的 EH 油箱模块，主机与小汽轮机共用一套 EH 油系统（汽轮机调速油系统）。主机润滑油供油系统采用集装式供油模块，设 2 台交流润滑油泵及 1 台事故直流油泵，顶轴油泵共设 3 台，没有同轴主油泵。

汽轮机采用十级非调节抽汽，除 8 号低压加热器外，所有加热器的疏水均采用逐级自流疏水方式，8 号低压加热器后设置低压疏水泵，将疏水打入 8 号低压加热器出口。

旁路系统采用高、中、低压三级串联方式。1 个 45％BMCR 高压旁路阀，2 个共50％BMCR 容量中压旁路阀，2 个共 50％BMCR 容量低压旁路阀。

机组采用单元制给水系统，每台机组配置 1 台电动定速给水泵与 1 台全容量汽动给水泵；电泵作为启动泵，容量为 1×30％BMCR；气泵为 100％BMCR 容量、变速、卧式汽动给水泵，前置泵与给水泵同轴布置。

主机设有 2 台 100％BMCR 容量立式、抽芯式凝结水泵，采用一拖二变频调速模式。给水泵汽轮机凝结水系统配 2×100％BMCR 容量凝结水泵，直接打入主机 A 凝汽器热井。

循环水系统为开式循环，水源为海水，每台机组设有 3 台循环水泵，系统采用扩大单元制。

主机凝汽器为双壳体、单流程、双背压表面式凝汽器，并列横向布置。给水泵汽轮机凝汽器为单背压、单壳体、双通道表面式凝汽器。

2.3　电　气　设　备

汽轮发电机为 QFSN-1000-2 型三相同步汽轮发电机，冷却方式为水氢氢。

发电机的结构形式为整体式、内外机座式。发电机轴承型式为端盖式轴承（椭圆瓦）。定子铁芯由多层薄扇形、低损耗的绝缘硅钢片叠压而成，通过绝缘的鸠尾形支持肋固定在支持环上。藉压齿、压板，用绝缘的非磁性穿心螺杆将定子铁芯轴向压紧。采用磁通屏蔽，有效地屏蔽了杂散磁场对压板和定子铁芯端部的影响。发电机定子绕组为三相、双层、短距绕组，绕组接线为双星形；定子线棒绝缘为 F 级；定子绕组出线端子数为 6 个。

发电机出口电压为 27kV，发电机、变压器采用单元接线方式，无出口断路器，发电机经变压器升压后通过架空线接入 500kV 升压站。发电机的效率为不小于 99.0%，机组的额定输出功率为 1000MW，最大连续输出功率为 1032.35MW。

中压系统应为 10kV 三相、50Hz；额定值 200kW 及以上电动机的额定电压为 10kV。低压交流电压系统（包括保安电源）为 380V、三相、50Hz；额定值 200kW 及以下电动机的额定电压为 380V；交流控制电压为单相 220V，直流控制电压为 110V。

2.4 控 制 系 统

雷州电厂项目采用 EDPF-NTPLUS 分散控制系统（DCS），是国内首套使用国产 DCS 及国产操作系统的百万级别机组，实现了操作系统与 DCS 的完全国产化应用。配套 Profibus 现场总线，总线占有率达到 60% 以上。

机组设置 1 套分散控制系统，在两台机组的分散控制系统之间设置一个单独的公用控制网，并设有与两台单元机组分散控制系统相连的网桥，使得运行人员可通过任一台机组的分散控制系统对公用控制网所监控的设备进行监控；设有相应的闭锁措施，确保只能接受一台机组的分散控制系统发出的操作指令，避免两台机组 DCS 的直接耦合。辅助系统设计有辅控 DCS 系统，用于对辅助系统的控制。

全厂分散控制系统包含主机 DCS（单元、公用、凝结水精处理、海水制氯）、水岛 DCS、灰渣岛 DCS、脱硫脱硝 DCS、输煤 DCS。

2.5 全厂在线监测装置综合管理系统

应用基于设备在线监测数据的全厂在线监测装置综合管理系统，二次再热机组实现了发电机、变压器、GIS、10kV 开关柜等设备在线监测装置数据的统一管理、智能分析、诊断及告警。系统采用分层、分布、开放式设计，整体结构分为两层——厂站层和间隔层，层与层之间通过标准接口进行通信，其结构如图 2-4 所示。

该系统具备数据接入、数据存储与备份、趋势分析、预警、告警信息统计查询等基本功能。内置的设备状态分析模型可收集整理故障发生时设备（主要包括发电机、变压器、10kV 开关柜、GIS 等）的基础信息、在线监测数据、缺陷信息、工况、环境等，综合分析故障与多维度设备状态信息间的关系，最终实现设备状态智能分析和故障诊断。为提高与设备管理人员的交互性，该系统基于 IEC 61970 标准化信息协议，将实时在线监测数据及画面接入 SIS 系统。

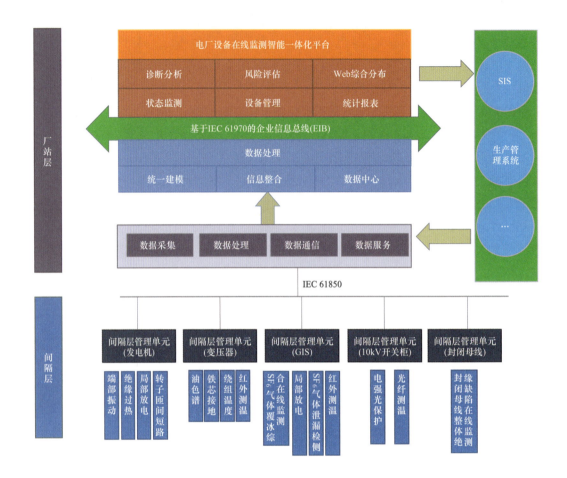

图 2-4　全厂在线监测装置综合管理系统结构图

3

二次再热机组设计优化

    雷州电厂项目在设计方面充分吸收国内外 1000MW 超超临界机组的先进设计思想，同时在总结国内 1000MW 超超临界机组成熟经验的基础上，全面集成国内外设计优化措施和设计理念，在设计中采取创新的思路，在主机选型、热力系统优化、热机设备、燃烧制粉系统、主厂房布置优化、部分负荷优化、总平面布置、各工艺系统方案优化以及环保排放方面进行全面优化，如通过提高机组初参数、采用烟气余热利用、降低系统阻力及工质损失、合理减少设备选型裕量等措施，提高机组热经济性，降低初投资和运行成本，全面降低污染物排放，降低资源消耗，实现节能、节水。

3.1　锅炉布置方案和可靠性分析

3.1.1　设计思路和调温方式

    与常规 1000MW 超超临界一次再热锅炉（600℃/600℃）相比，1000MW 二次再热锅炉（600℃/620℃/620℃）的吸热量分配（BMCR）中，主蒸汽系统吸热量减少 10％以上。过热器可布置三级，高低压再热器需布置更多的受热面，同时要保证高低压再热器低温段要有一定的传热温压。

    雷州电厂项目的蒸汽参数（605℃/623℃/623℃），高于川越电厂（566℃/566℃/566℃）和诺加兰德电厂（582℃/580℃/580℃）的蒸汽参数，在要求的负荷范围内同时保证三个出口的蒸汽温度的设计难度很大。从保证蒸汽温度的角度出发，炉膛出口烟气温度越高越好，这样可以保证各级高温受热面在不同负荷下都有一定的传热温差；但从实际工程燃用的煤种来看，都要求炉膛出口温度在 1020℃ 左右甚至更低，以防止炉膛出口发生结焦，这样在部分负荷下，位于烟气流程下游的高温受热面与烟气的温差就变得很小，很难仅靠烟气的温差传热来满足额定蒸汽温度的要求。

    根据汽水侧的吸热特点，可以看出二次再热锅炉同一次再热锅炉相比，存在以下显著的难点：锅炉增加一级再热器，受热面布置难度增加；再热蒸汽温度调节更困难，采用喷水调节将降低系统效率；锅炉设计参数为 605℃/623℃/623℃，三个受热面出口温度均达到或超过 600℃，最后一级高温受热面传热温差减少，其低负荷性能势必降低；

低压再热器压力更低，蒸汽体积流量大，低压再热器压降控制更难，需要布置更多受热面管排以实现尽可能多的流通面积；炉膛选取必须同时兼顾既要合理组织燃烧，又要保证三级高温受热面汽温达到额定值；省煤器的设计难度增加：入口烟温和入口水温提高，受热面设计必须保证在全负荷范围内省煤器出口工质温度合理，有足够的欠焓；排烟温度选取：预热器入口烟温水平升高，排烟温度进一步降低的难度增加；主蒸汽流量降低，吸热量减少，炉膛吸热所占比例增加，水冷壁工质及壁温水平及分离器温度将有一定幅度的上升；汽温调节：要保证主汽、一次再热汽、二次再热汽三个汽温受控，调节方式和系统耦合更加复杂和困难。

3.1.2 二次再热锅炉受热面布置及热负荷分配

3.1.2.1 受热面布置

1000MW 二次再热锅炉和一次再热锅炉相比增加了一组高温受热面，包括过热系统、一次再热系统和二次再热系统，再热器的吸热比例大幅增加（常规一次再热为18%，二次再热提高至28%），因此在设计中需考虑受热面匹配以满足过热蒸汽和再热蒸汽吸热量的变化，同时满足再热蒸汽出口温度提高带来的安全性的要求。

国内几大锅炉制造企业采用了各自不同的设计方案：北京巴威的二次再热锅炉为 π 型锅炉，过热器采用辐射一对流型，一次再热为半辐射-对流型，二次再热为纯对流布置，尾部设三烟道，上部从前往后依次布置二次低压再热器、一次低压再热器和低温过热器，下部布置省煤器。每个烟道布置烟气调节挡板，以通过改变各烟道的烟气份额来调节各级再热器的汽温。

哈锅和东锅的二次再热锅炉受热面布置基本相同，过热器采用辐射-对流型，一次再热、二次再热均为纯对流布置。尾部设双烟道，分别布置一次低压再热器和二次低压再热器，底部设省煤器和烟气挡板，通过烟气挡板开度和烟气再循环调节过、再热蒸汽温度。

上海锅炉厂的二次再热锅炉采用塔式锅炉，使用组合式高温受热面的布置方案。其将部分再热器提前，提高再热器辐射热吸收能力，并将一、二次高压再热器受热面并列布置，以达到不降低任何一级高温再热器换热温压的目的。将高温过热器和高温再热器组合，在提高再热器吸收辐射能力的同时确保了再热器出口受热面的安全性。组合式高温受热面的布置方案可达到换热、经济性、安全性的最佳平衡，同时提高了燃烧器摆动的调温效果。

雷州电厂项目锅炉为 π 型布置，采用螺旋管圈水冷壁系统，两级再热器出口蒸汽温度均为 623℃，尾部采用双烟道布置形式，采用新型低 NO_x 燃烧器＋高位 SOFA 风布置反向双切圆燃烧方式，过热器系统为三级布置，分别为分隔屏、后屏、末过，均布置在炉膛上部，采用煤水比调节汽温。

高、低压再热器系统均采用两级布置，水平烟道分别布置高压末再和低压末再，尾部前烟道布置高压低温再热器，尾部后烟道布置低压低温再热器，再热器系统采用烟气再循环＋尾部烟气挡板＋燃烧器摆动的组合式调温方式。

3.1.2.2 各级受热面热负荷分配特点

2016 年陆续投产的华能莱芜 2 台百万千瓦二次再热机组以及国电泰州 2 台百万千瓦二次再热机组均为塔式炉。大唐雷州的二次再热机组为国内首台百万千瓦二次再热 π 型锅炉,属于国内首创,可借鉴的运行经验较少。对比典型的百万千瓦一次再热 π 型锅炉(江西大唐国际抚州发电有限责任公司)、百万二次再热塔式炉(华能莱芜),以及百万二次再热 π 型锅炉(大唐雷州)各受热面的设计吸热量所占比例,具体数据见表 3-1。

表 3-1　　　　　　　　　　　典型百万千瓦机组各受热面吸热量比例

吸热量占比	单位	BMCR			BRL			75%THA			50%THA		
		大唐雷州	华能莱芜	大唐抚州	大唐雷州	华能莱芜	大唐抚州	大唐雷州	华能莱芜	大唐抚州	大唐雷州	华能莱芜	大唐抚州
省煤器	%	7.19	5.49	6.75	6.85	5.87	6.64	7.20	7.09	6.34	8.76	9.80	5.69
水冷壁	%	37.62	40.90	38.20	38.20	40.96	38.98	43.36	41.67	39.78	41.35	40.32	43.33
过热器	%	26.35	25.07	35.49	26.34	24.55	34.89	23.92	24.60	34.70	26.12	25.53	33.34
一次再热	%	17.27	16.96	19.56	17.14	16.97	19.49	14.71	15.55	19.17	13.41	13.75	17.65
二次再热	%	11.57	11.59	/	11.48	11.65	/	10.81	11.09	/	10.35	10.59	/

表 3-1 的数据表明,与传统的一次再热百万锅炉相比,二次再热百万锅炉过热器设计吸热比例大幅度下降,以大唐抚州项目和大唐雷州项目对比,BMCR 工况下,过热器吸热比例从 35.49% 下降到 26.35%;一次再热受热面吸热比例小幅下降,BMCR 工况下,从 19.56% 下降至 17.27%;对于二次再热锅炉,过热器吸热量减小的部分,基本用于增加二次再热受热面吸热量,水冷壁和省煤器的总吸热量较一次再热锅炉,吸热比例基本保持一致。

百万千瓦二次再热塔式锅炉与 π 型锅炉相比,两种锅炉各受热面的吸热比例稍有区别。华能莱芜项目和大唐雷州项目作为对比,BMCR 工况下,塔式炉省煤器吸热比例 5.49% 低于 π 型锅炉的 7.19%,但水冷壁吸热比例 40.90% 高于 π 型锅炉的 37.62%。对于主蒸汽整体吸热量,即省煤器 + 水冷壁 + 过热器吸热量,塔式炉为 71.46%,π 型锅炉为 71.16%,两者相差不大。但从受热面的换热方式来看,大唐雷州项目无低温过热器受热面,屏式过热器、后屏过热器及末级过热器均布置在炉顶为辐射式受热面,末级过热器布置在折焰角上方,为半辐射式受热面。而华能莱芜项目一级过热器为辐射式受热面,末级过热器为半辐射式受热面,中温过热器为对流受热面。大唐雷州项目三级过热器受热面以辐射式受热面为主,辐射式受热面受炉膛燃烧温度影响较大;华能莱芜项目三级过热器吸热为辐射式和对流式结合,受炉膛燃烧温度和烟气温度及流量的多重影响。

大唐雷州的锅炉在不同负荷下,随着负荷的降低,一、二次再热吸热比例均不断下降,省煤器 + 水冷壁吸热比例不断提高,一次再热吸热比例从 BMCR 工况的 17.27% 降低到 50%THA 工况的 13.41%,二次再热吸热比例从 BMCR 工况的 11.57% 降低到 50%THA 工况的 10.35%。随着负荷的降低,过热器吸热比例变化不明显;而省煤器吸热比例在 50％THA 工况最高，达 8.76％；水冷壁吸热比例在 75％THA 工况达到最高，为 43.36％。

二次再热机组设计煤耗及联合循环效率比传统一次再热机组更高，给水温度也相对较高，大唐雷州和华能莱芜的二次再热机组 BMCR 工况给水温度均为 330℃ 左右，比大唐抚州的一次再热机组高 25℃。此外，因二次再热过热器吸热比例较一次再热过热器有较大下降，为维持过热蒸汽参数，二次再热锅炉的分离器出口温度明显高于一次再热锅炉。BMCR 工况下，大唐雷州项目分离器出口温度为 470℃，比大唐抚州项目高 47℃；50％THA 工况下，大唐雷州项目分离器出口温度为 438℃，较大唐抚州项目高 21℃。典型百万千瓦机组蒸汽温度对比见表 3-2。

二次再热机组给水温度及分离器出口温度均远高于一次再热机组，造成水冷壁水温整体偏高，对金属材料和运行水平都有更高的要求。

表 3-2　　　　　　　　　　　典型百万千瓦机组蒸汽温度对比

项目	单位	BMCR			75％THA		
		大唐雷州	华能莱芜	大唐抚州	大唐雷州	华能莱芜	大唐抚州
给水温度	℃	330	329	305	304	310	298
分离器出口温度	℃	470	469	424	438	444	417
过热器出口温度	℃	605	605	605	605	605	605
过热器出口压力	MPa	33.38	32.87	27.46	25.16	25.17	18.95
一次再热进口温度	℃	427	424	344	427	427	349
一次再热出口温度	℃	623	623	603	623	623	603
一次再热出口压力	MPa	11.03	10.61	4.77	6.02	8.15	3.22
二次再热进口温度	℃	443.2	440.9	/	446.4	446.4	/
二次再热出口温度	℃	623	623	/	623	623.00	/
二次再热出口压力	MPa	3.328	3.259	/	1.75	2.51	/

3.1.3　防止锅炉偏差

实际运行中，由于管间吸热偏差和结构上的偏差，而引起管间工质温度、压力、干度的差别。直流锅炉具有较强的强制流动特性，对于热负荷高的偏差管，管内工质的流量降低，出口工质的温度升高。一方面流量降低致使炉内管壁温度升高，甚至产生传热恶化；另一方面出口温度升高加大了管间的热应力，致使管屏变形甚至损坏。原则上，螺旋管圈的圈数越多，水冷壁出口温度偏差越小，但水阻力增大，因此需选择一个合理的圈数。雷州电厂项目下炉膛直段部分的圈数加上螺旋管圈冷灰斗的总圈数为 1.6 圈。

对于上炉膛垂直管屏，由于螺旋管圈出口汽水混合物的干度已在 0.8 以上，因此中间混合集箱的汽水分配已不成问题，不会因汽水分配不均而引起垂直管屏过大的热偏差。在低负荷下，运行压力低容易产生水动力特性的不稳定：多值性或脉动。避免水动力不稳定的主要措施是水冷壁进口工质的欠焓要小于产生水动力不稳定的界限欠焓。所以在最低直流负荷下水冷壁进口工质的欠焓也不宜过大，要经过水动力不稳定性的校验。

3.1.3.1 水动力计算结果

雷州电厂项目下炉膛四面墙质量流速如图 3-1 所示。

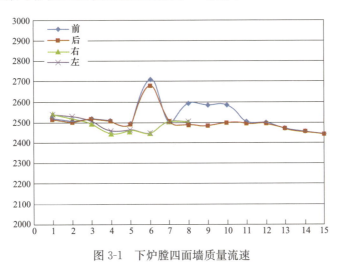

图 3-1　下炉膛四面墙质量流速

雷州电厂项目上炉膛四面墙质量流速如图 3-2 所示。

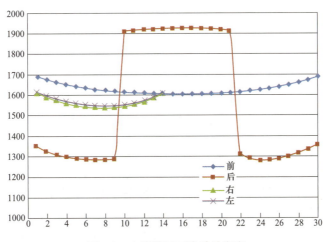

图 3-2　上炉膛四面墙质量流速

3.1.3.2 烟气侧偏差控制

由于国内二次再热锅炉也参与调峰，且个别情况负荷变化率较大，导致燃烧侧波动较大，从而导致蒸汽侧的偏差较大，甚至出现个别点壁温接近报警值的情况，影响锅炉参数，因此运行过程中需要控制负荷变化的速率。哈锅对已投运的高效及二次再热锅炉华能长兴、华能安源、华能莱芜项目的运行经验进行总结，针对雷州电厂项目，在烟气侧偏差控制和蒸汽侧偏差控制方面采取了更加有效的技术措施，以降低负荷波动时的偏差。

（1）双切圆布置：采用 π 型布置八角双切圆燃烧方式。八角布置双切圆的旋转方向相反，炉膛出口烟气沿炉膛宽度方向旋向相反，相互叠加抵消，同时炉膛上部布置分隔屏使炉膛出口烟温偏差大大降低。

（2）烟气再循环：采用烟气再循环系统调节汽温，大大降低了烟气侧的偏差。

（3）燃尽风的反切：上部附加二次风反切，可以抵消由于切圆燃烧而形成的残余旋转动量，使热烟气以微弱的旋转进入水平烟道，减少水平烟道两侧的流量偏差和热力偏差，使两侧受热面吸热均匀以减弱烟气残余旋转。

（4）对锅炉进行整体数值模拟，找出不同工况下热负荷的分布规律，通过蒸汽侧的布置使其与热负荷分布相适应。

（5）采用大风箱结构，使每角燃烧器的二次风供风均匀，并使燃烧器出口的各水平位置的供风也均衡。一次风在二次风的引射下，能沿设计路径喷入炉内，有效地防止气流偏斜，防止烟温偏差。

（6）燃烧器出口中心线相切于炉内的假想切圆，既要考虑炉内气流的充满度，又要考虑气流的旋转动量矩。雷州电厂项目的假想切圆的选取兼顾了防止气流在炉膛内过分扩展和充满度的要求，使气流尽可能地流向炉膛中心，防止火焰偏斜。

3.1.3.3 蒸汽侧偏差控制

（1）同屏偏差控制：同屏偏差产生的原因是由于同一屏管子的长短不同、受热不同，因此流通阻力大的管子流量小，流通阻力小的管子流量大。流量大的管子冷却迅速，所以温度低，流量小的管子冷却慢，所以温度高，通过采用合理的节流手段可以有效控制不同管间的流通阻力，有效消除同屏的偏差。

（2）屏间偏差控制：屏间偏差产生的原因是由于进出口集箱的动静压的分配，通过合理选择集箱口径和集箱的引入引出方式，可以有效控制屏间介质流动偏差。

（3）两级再热器的连接采用合理的引入引出方式，采用大管道连接，使蒸汽能充分混合。引入引出管尽量对称布置，减少静压差，使流量分配均匀，减少汽温偏差。高压末再静压分布情况如图 3-3 所示。低压末再静压分布情况如图 3-4 所示。

（4）合理布置再热器各级受热面面积，控制各级再热器的焓增，减少高压再热器出口蒸汽水力偏差。

（5）两侧单独控制减温器：设置两级再热器事故喷水减温器。在两级再热器之间设置事故喷水减温器，设有左右两个喷水点，两侧减温管路分别用单独的调节阀调节左右两侧管路上的喷水量，从而调节汽温，消除偏差，保护高温再热器的安全。

（6）增设壁温测点，为优化调整提供监视手段。锅炉在高温区域受热面增设相应的金属壁温测点，准确监视受热面温度变化，提供运行调整依据，以防止超温。在高温再热器的烟温较高区域安装足够的壁温测点，提供每个壁温测点的报警值，对每根管分别进行控制。上炉膛前墙壁温分布情况如图 3-5 所示。上炉膛右侧墙壁温分布情况如图 3-6 所示。下炉膛前墙壁温分布情况如图 3-7 所示。下炉膛右侧墙壁温分布情况如图 3-8 所示。

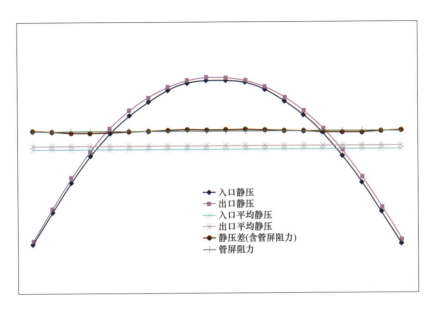

图 3-3　高压末再静压分布图

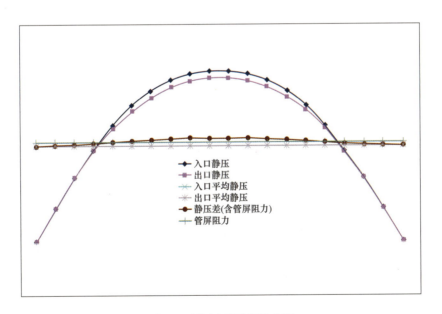

图 3-4　低压末再静压分布图

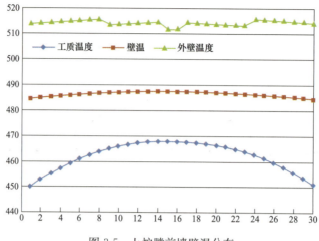

图 3-5 上炉膛前墙壁温分布

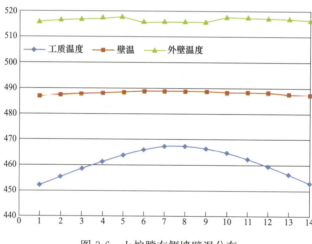

图 3-6 上炉膛右侧墙壁温分布

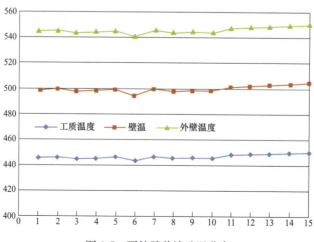

图 3-7 下炉膛前墙壁温分布

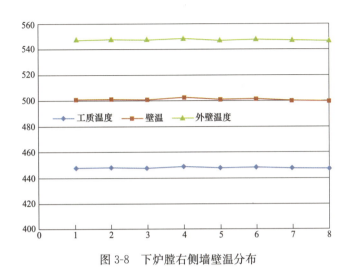

图 3-8　下炉膛右侧墙壁温分布

3.1.4　技术成熟性和可靠性分析

（1）机组参数的先进性和可靠性：从 2000 年开始，欧洲开始新建多台容量 600～1000MW 等级的高效超超临界燃煤机组（再热器出口蒸汽温度为 610℃或 620℃），目前在超超临界机组上使用的成熟材料 SUPER304H、HR3C、T92 完全可以满足高效超超临界机组的使用要求。因此，1000MW 超超临界二次再热机组采用 32MPa/605℃/623℃/623℃（31MPa/605℃/613℃/613℃）蒸汽参数是可行的。锅炉受热面之间采用端部引入引出方式、双集箱形式，可有效降低汽水侧偏差，有效保证受热面安全。

（2）炉型选取的合理性：雷州电厂项目采用 π 型锅炉，为了适应大容量锅炉设计的需要，同时改善单切圆燃烧时炉膛内空气动力场，使炉膛水冷壁热负荷分配更加均匀，降低工质温度的偏差，该项目采用反向双切圆燃烧方式，即将一个大炉膛沿宽度方向分成两个小炉膛，两个小炉膛采用各自的旋向方向相反的燃烧切圆。机组运行证明这种反向双切圆燃烧能获得较为均匀的炉膛内空气动力场和炉膛出口工质温度场。对于再热器出口蒸汽参数提高的二次再热机组，这种反向双切圆燃烧系统的优点更为突出，可使高温受热面壁温处在相对平均的水平，提高材料的运行安全性，完全可以保证切圆燃烧的组织和可靠运行。

（3）调温方式的优化组合和经济性：　是通过前面的论述可知，只有采用烟气再循环才能保证在 50%～100%BMCR 范围内达到 600℃/620℃/620℃ 这样高的蒸汽参数；二是在采用烟气再循环的条件下，只有通过挡板调温才能实现高低压再热器之间的热量分配和平衡。因此，该项目采用烟气再循环和烟气挡板的组合调温方式。

（4）挡板调温的可靠性：该项目在 π 型炉锅炉尾部采用双烟道，主要目的是分配高低压再热器之间的热量，同时避免再热器调温时存在喷水而降低机组效率的现象。

（5）π 型炉二次再热锅炉水冷壁系统材料的可靠性：二次再热锅炉炉膛与传统的一次再热锅炉炉膛相似，水冷壁入口工质相对提高、水冷壁流量相对降低，因此材料的可靠性直接关系到水冷壁出口汽温的多少和水冷壁材料的选取。众所周知的 T23 材料作为塔式炉水冷壁的材料已经暴露出了诸多问题，因此水冷壁材料的选取直接影响机组的可靠性。

针对该项目哈锅采用一系列有效措施控制水冷壁出口汽温：

1）烟气再循环合理调整燃料辐射和对流换热特性，以便在一定范围内控制水冷壁辐射吸热量。

2）过热器减温水取自省煤器出口，即所有给水均通过省煤器受热面，以便降低水冷壁入口水温。

3）合理选取中间集箱位置，避免下炉膛不平衡携带到上炉膛引起较大的上炉膛出口汽温偏差。

4）采用水平浓淡燃烧器和高位燃尽风的低 NO$_x$ 燃烧技术，保证锅炉运行指标的先进性。

5）可靠全面的调温方式：一次汽温调节采用煤水比和二级八点喷水调温方式；再热蒸汽温度调节采用调节挡板和烟气再循环的方式。燃烧器摆动仅作为辅助的调温手段。

3.2 主、再热蒸汽温度调节控制方式

3.2.1 过热汽温调节

超临界锅炉水冷壁无固定的汽水分界面，且热惯性小，水冷壁吸热变化会使加热段、蒸发段和过热段的吸热比例发生变化。因此过热汽温的调整采用煤水比作为主要手段，以汽水分离器出口工质温度作为汽温调节的前置信号，以喷水减温作为微调手段，即煤水比加二级喷水减温调节。

通过改变给水量的比例，改变水冷壁出口介质温度，引起过热器吸热和水冷壁吸热比例的变化，从而调节最终的过热蒸汽出口温度。

超临界锅炉的汽温变化特性比亚临界锅炉更为复杂，汽温调节和控制的困难程度也随之增大。超临界锅炉给水是靠给水泵压头在省煤器、水冷壁和过热器受热面中一次通过并产生所需要参数的蒸汽，具有所谓的滑动蒸发点，即给水的蒸发是在炉膛水冷壁系统中发生的，离开炉膛水冷壁的蒸汽已微过热。这种在炉膛水冷壁系统和过热器之间的直接连接增加了锅炉运行的灵活性。过热汽温的调节主要是通过调节燃料量和给水量的比值（即煤水比）来实现。在实际运行过程中，锅炉负荷、给水温度、燃料品质、过量空气系数及受热面沾污等因素的变化，对过热蒸汽出口温度均有影响，要保证煤水比的比值在合理范围内并相对稳定。综上，雷州电厂项目过热器系统采用煤水比加二级四点喷水调温。

3.2.2 再热蒸汽调节

再热蒸汽温度调节方法按作用介质的不同可以归结为两大类：蒸汽侧调节和烟气侧

调节。所谓蒸汽侧调节方式，是指通过改变蒸汽的热焓来调节汽温。通过喷水减温器向蒸汽管道中喷入过冷水，过冷水的加热和蒸发要消耗蒸汽的一部分热量，可以达到调节蒸汽温度的目的。但是喷水减温方式一般不作为再热蒸汽的主要调温方式，因为向再热蒸汽管道喷水会降低整个机组的经济性。再热蒸汽温度的调节主要是通过改变锅炉内辐射和对流吸热量的分配比例的烟气侧调节来实现。

二次再热锅炉的设计难点是主汽、一次再热汽、二次再热汽三个汽温之间的调节问题，再热蒸汽温度调节方式选取合理与否直接关系到机组运行的可靠性、经济性和安全性，因此二次再热锅炉的调温方式及可靠性对二次再热锅炉设计至关重要。

从保证蒸汽温度的角度出发，炉膛出口烟温越高越好，以确保各级高温受热面有足够的传热温差。但从实际燃用的煤种来看，为防止炉膛出口结焦，炉膛出口温度一般限制在1000℃左右；一、二次再热器进口温度一般在430℃左右，给水温度达到320℃，在部分负荷下，位于尾部烟道的低温受热面与烟气的温差较小，仅依靠烟气的温差传热来满足额定蒸汽温度的要求难以实现。针对以上条件限制，对于再热器的布置和调温方式可从以下两个方向考虑：①炉膛高温区布置再热器受热面，使再热器有足够的吸热温差并吸收更多的辐射热，低温受热面布置在低温对流烟道的前后竖井，通过摆动燃烧器和烟道挡板调整低温受热面的热量分配。②一、二次再热器的高温受热面均布置在炉膛出口烟窗下游的中温烟道内，低温受热面布置在低温对流烟道内，通过烟气再循环来提供不同负荷下的换热量，通过烟气挡板来调整一、二次再热器之间的热量分配。

北京巴威的π型炉采用第一种思路，将一次再热设计为半辐射-对流型，二次再热设计为纯对流布置，尾部采用三烟道布置，每个烟道布置烟气调节挡板，通过烟气挡板改变各烟道的烟气份额来调节各级再热器的汽温。通过改变挡板的开度，控制前、中、后烟道的烟气流量比，从而分别调节一次再热和二次再热温度。此调温方式不仅对炉内燃烧工况无影响，而且对排烟温度影响较小，因此对锅炉效率没有明显影响。

上海锅炉厂的塔式炉将一、二次高温再热器的部分冷段受热面提到低温过热器管屏之后（国电泰州项目），大幅提高了高温再热器的辐射特性，一、二次低温再热器布置于后部烟道，为纯对流吸热方式。故采用以燃烧器摆动调节为主，低负荷下增大过量空气系数为辅，烟气挡板调节作为平衡手段，事故或紧急工况下考虑喷水减温的方式。

哈锅和东锅均采用π型锅炉，尾部双烟道，两家的再热器调温思路基本一致，即采用烟气挡板＋烟气再循环的组合式调温方式。主要通过改变不同负荷下的再循环烟气量，实现对锅炉受热面辐射和对流吸热比例的调整，实现稳定大幅调整再热蒸汽温度的目标，具有控制直接、负荷可追踪性、反应灵敏、与蒸汽温度特性相匹配等优点。再通过调整烟气挡板开度控制烟气流量，调整一、二次再热蒸汽之间的温度。

此外，烟气再循环的烟气抽取位置不同，对主、再热蒸汽温度的调节效果、锅炉的整体布置、设备的选取都有重大影响。因此，选定烟气抽取位置，需要综合比较论证。

雷州电厂项目的锅炉尾部布置有双烟道，低压低温再热器和高压低温再热器分别布置于尾部烟道的前、后竖井中，均为逆流布置。高低压再热器的两级之间都布置有事故喷水减温器。双烟道出口布置有调节挡板。

高低压再热器的调温以烟气再循环为主、燃烧器摆角为辅，同时通过双烟道出口烟气挡板调节进行烟气流量分配，从而对高低压再热器之间的热量进行分配，保证在一定负荷范围内达到额定蒸汽温度。

（1）摆动燃烧器。摆动式燃烧器多用于四角切圆的锅炉中。调节摆动式燃烧器喷嘴的上下倾角，可以改变火焰中心位置的高低，从而调节炉膛出口烟温，改变对流吸热量和炉膛辐射吸热量的比例，达到调节汽温的目的。在电站实际运行中，高负荷时，燃烧器向下倾斜；而在低负荷时，燃烧器向上倾斜。一般摆动燃烧器上下摆动的角度为 $20°\sim30°$，炉膛出口烟温变化幅度在 $100\sim140℃$，蒸汽调温幅度可达 $40\sim60℃$。这种调温方法具有调温比较灵敏、时滞较小且过热器和再热器布置在延期高温区域、受热面积小及锅炉钢耗较低等优点。同时这种方法也存在一定的问题：燃烧器的倾角不宜过大，下倾角过大会造成冷灰斗区域结渣，上倾角过大又会增加燃料的未完全燃烧热损失。由于烟气温度变化同时作用在整个过热系统上，也影响了过热汽温的同向变化。

按照汽温特性，当锅炉负荷降低时，过热器系统汽温的总变化趋势应是下降的，因此应减少过热减温水量。但是由于燃烧器向上摆动，使炉膛出口烟温升高，从而使过热器系统的吸热量增加，尤其是辐射受热面吸热量显著增加，这时，汽温变化总趋势不是下降而是升高，因此，低负荷时反而需要增加过热减温水量。当锅炉负荷升高时，汽温变化总趋势应上升，显然应增大减温水量。但是由于燃烧器向下摆动，使炉膛出口烟温降低，汽温将下降，因此高负荷时反而应减少过热减温水量。

大型电站锅炉常布置多层直吹式燃烧器，改变上下排燃烧器的负荷，也可以改变炉膛火焰中心的位置。

（2）烟气再循环。烟气再循环技术的基本原理是将机组尾部烟道中一部分低温烟气，通过再循环风机送入炉膛，从而改善炉膛烟气混合情况，通过锅炉运行工况下烟气量的变化，增加受热面的传热进行汽温调节。烟气再循环可以有效控制炉膛温度水平，抑制、防止炉膛结焦，降低 NO_x 等有害物质排放。烟气再循环在机组负荷低时从炉膛底部引入，对过热器、再热器汽温起到调节作用，在机组负荷高时从炉底引入，降低了炉膛内部的烟气温度，对高温区域的受热面起到保护作用。

（3）烟气分配挡板。烟气挡板调温，就是把锅炉对流烟道用隔墙分隔成两个或多个平行烟道，将再热器和过热器分别布置在相互隔开的两个或多个烟道中。过热器和再热器的下面布置省煤器，在省煤器的下方装设烟气调节挡板。在锅炉运行中根据锅炉再热蒸汽温度的调节要求，用烟气挡板调节各分隔烟道的烟气流量份额，从而改变锅炉低温再热器受热面的吸热量，调节再热蒸汽温度使之维持额定值。

大容量锅炉的过热器和再热器一般都采用顺列布置，根据传热学可以知道，传热系数与烟气流速的 0.8 次方成正比。而根据热平衡方程可知，过热器吸热量与蒸汽流量的一次方成正比。所以当炉膛负荷变化时，蒸汽流量对汽温的影响要比烟气流速的影响大一些，即过热器和再热器工质侧吸热量的变化要比烟气侧传热量的变化大一些。

分隔烟道挡板法的优点是结构简单，安全可靠。其缺点是汽温调节的时滞太大，挡板的开度与汽温变化为非线性关系，大多数挡板只在 $30\%\sim70\%$ 的开度范围内比较有效。另外，为避免烟气挡板的热变形，挡板应布置在烟温低于 $400℃$ 的区域，并采用防磨设计。

3.3 烟气再循环系统

3.3.1 基本理论

炉膛换热计算均以计算炉膛出口截面上的平均烟气温度为核心。设计计算是在已知炉膛出口温度的条件下，计算所需受热面的数量，校核计算是在已知炉膛内布置的受热面的条件下，计算出炉膛出口的烟气温度。

3.3.1.1 基本假设

对于炉膛传热计算，由于影响因素众多且关系过于复杂，基于纯数学方法描述物理化学过程的炉膛换热计算方法尚未进入工程实用阶段，因此，依赖大量经验数据的计算方法在工程实际中仍起着不可替代的作用。各种计算方法的差别很大，但所遵循的基本思路是一致的：简化的炉膛换热物理模型，依赖于先进测试技术所得到的大量测试数据及其总结的经验参数，并辅助以先进的数值计算技术等。

实际上，炉膛内的燃烧与换热是紧密耦合在一起的，但至今人们的认识水平还远没有达到可以合理处理二者之间错综复杂关系的程度，因此人为将换热与燃烧过程分开后再进行分析是首先要进行的必要简化。在计算换热量时认为燃料从燃烧器进入炉膛后瞬间即完成燃烧过程并达到最高绝热温度（理论燃烧温度），同时引入经验系数来计算燃烧工况对换热的影响。

由于炉膛内高温烟气向上流动的流速不高，而炉内火焰的温度很高，以对流方式传给炉壁受热面管内工质的换热份额占总换热量中很小的比例，不足 5%，传热主要是辐射方式，所以，在炉膛换热工程计算中按纯辐射的方式计算。

在计算中将炉内火焰温度看作是均匀的，火焰辐射按平均火焰温度来考虑，避免了计算炉膛内复杂温度场的极大困难，但是，需要对火焰平均温度的近似且合理地描述。

由于采用了灰体的假设，从而大大简化了计算，以便于工程应用。炉膛受热面作为固体表面具有固体的连续辐射光谱，被处理成灰体是完全合理的。燃煤烟气按灰体处理并不会带来很大的误差，但需要用实验数据加以修正。

3.3.1.2 炉膛换热的基本物理模型

在以上相对合理的简化条件基础上，可以得到目前工程计算方法中采用的炉膛计算基本物理模型，如图 3-9所示。复杂的炉膛火焰与壁面的换热过程被简化为两个无限接近的灰体表面间的辐射换热问题。此时，火焰面具有平均火焰温度 T_{hy}，黑度 α_{hy} 和面积 F_1。水冷壁的投影面既作为火焰的辐射表面，也是水冷壁接受火焰辐射的表面积，称为炉膛辐射壁面，具有平均温度 T_b，黑度 α_b 和面积 F_1。

（1）根据上节所得到的炉膛换热的基本物理模型，

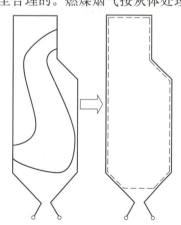

图 3-9　炉膛换热模型

则反映炉膛换热的基本方程如下:

1)高温烟气与辐射受热面间的辐射换热方程。

$$B_j Q_f = \sigma_0 a_s F_1 (T_{hy}^4 - T_b^4) \tag{3-1}$$

2)高温烟气在炉内放热的热平衡方程。

$$B_j Q_f = \varphi B_j (Q_1 - h_1'') = \varphi B_j \overline{V} c_p (T_a - T_1'') \tag{3-2}$$

式中 B_j——计算燃料消耗量,kg/s;

Q_f——以 1kg 燃料为基准的炉内换热量,kJ/kg;

σ_0——斯蒂芬-玻耳兹曼常数,$\sigma_0 = 5.67 \times 10^{-11} kW/(m^2 \cdot k^4)$。

(2)对流受热面换热计算的基本方程如下:

1)受热面的对流传热方程。

$$Q_d = \frac{K \Delta t H}{B_j} \tag{3-3}$$

式中 Q_d——以对流方式由烟气传递给受热面内工质的热量,以 1kg 燃料或 1m³ 燃料为基准;

K——传热系数,$W/(m^2 \cdot ℃)$;

Δt——传热温压,℃;

H——参与对流换热的受热面面积,m²;

B_j——计算燃料消耗量,kg/s。

2)烟气侧热平衡方程。

对各段受热面,烟气侧热平衡方程是基本相同的,即

$$Q_d = \varphi (I' - I'' + \Delta a I_{lk}^0), kJ/kg \tag{3-4}$$

式中 φ——保热系数,考虑散热损失的影响;

I'、I''——烟气在该受热面入口及出口截面上的平均熔值,kJ/kg;

I_{lk}^0——对应于过量空气系数时,漏入该段受热面烟气侧的冷空气熔值,kJ/kg;

Δa——该段受热面的漏风系数。

3.3.2 计算模型

炉膛热力计算由古尔维奇提出,基于大量实验及工业实践确定相关的经验系数,经转换得出炉膛出口烟温,其计算式为

$$T_f^N = \frac{T_{th}}{M \left[\dfrac{\sigma \varepsilon_f^{syn} \Psi F_1 T_{th}^3}{\varphi B_j (VC)_{av}} \right]^{0.6} + 1} \tag{3-5}$$

式中 T_f^N——炉膛出口温度,K;

T_{th}——理论燃烧温度,K;

M——表征火焰最高温度位置的系数;

σ——斯蒂芬-玻耳兹曼常数;

ε_f^{syn}——炉膛黑度;

Ψ——水冷壁平均热有效系数；

F_1——包围炉膛的总表面积，m^2；

φ——保温系数；

B_j——计算燃料消耗量，kg/s；

$(VC)_{av}$——平均比热容。

古尔维奇法在 200MW 以下燃煤机组中较为准确，而在大容量锅炉的计算上存在误差，卜洛赫等提出以计入炉膛辐射受热面热负荷的方法对炉膛形状的影响进行修正，修正后的计算式为

$$T_f^N = T_{th}\left[1 - M\left(\frac{\varepsilon_f^{syn}\Psi T_{th}^2}{10\,800q_F}\right)^{0.6}\right] \tag{3-6}$$

式中 q_F——炉膛壁面热负荷，kW/m^2。

在炉膛热力计算的过程中同时考虑辐射能在传递过程中沿射线行程的减弱，提出煤粉锅炉火焰综合黑度的概念，可以正确反映煤灰含灰量、锅炉容量等方面对辐射换热的影响，计算式为

$$\varepsilon_{syn} = \frac{\varepsilon_1}{0.32k_aR\varepsilon_1 + 1} \tag{3-7}$$

$$\varepsilon_1^{syn} = \frac{\varepsilon_{syn}}{\varepsilon_{syn} + (1 - \varepsilon_{syn})\Psi} \tag{3-8}$$

式中 ε_{syn}——火焰综合黑度；

ε_1——火焰黑度；

R——炉膛截面积当量半径；

k_a——煤粉火焰辐射减弱系数。

充分考虑炉膛形状对大容量炉膛辐射换热的影响及辐射能在传递过程中沿射线行程的减弱，利用修正后的热力计算公式，进行锅炉热力计算，探究烟气再循环对 1000MW 二次再热机组炉膛及各受热面吸热量、蒸汽温度等方面的影响。

再循环率（或称再循环系数）是指再循环烟气量（即再循环烟气体积流量，下同）与烟气抽出点以后烟道截面内烟气量之比，即

$$\gamma = \frac{V_g}{V_{xh}} \times 100\% \tag{3-9}$$

式中 γ——再循环率；

V_g——烟气抽出点后烟道截面内烟气量，m^3/kg；

V_{xh}——再循环烟气量，m^3/kg。

燃用设计煤种，研究 BRL 工况烟气再循环率从 0% 增加到 15% 过程中锅炉系统热量分配的变化趋势。

3.3.3 炉膛温度变化

炉膛理论燃烧温度随再循环率的升高而下降，再循环率由 0% 升高到 15%，理论燃

烧温度由 1955.7℃下降到 1763.0℃；烟气再循环率每提高 1%，炉膛理论燃烧温度下降 12.85℃。而屏底温度（烟气进入分隔屏及后屏底部时的温度）随着再循环率的提高变化较小，再循环率从 0% 增长到 15%，屏底温度仅上升 18.5℃。烟气再循环率对炉膛温度的影响如图 3-10 所示。

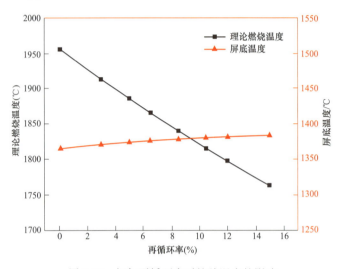

图 3-10　烟气再循环率对炉膛温度的影响

炉膛传热以辐射为主、对流为辅。炉内燃烧产生的烟气具有光学厚度，这些高温烟气的辐射能将在空间所有方向上被吸收与反射。中温（386℃）再循环烟气进入高温炉膛，进入炉内的总有效热量有所增加；但随着冷烟气的掺入，炉内高温燃烧产物温度下降并影响煤粉着火，造成理论燃烧温度降低，炉内水冷壁辐射吸热量大幅度减少。一方面，水冷壁吸热量的减少造成炉内换热量减少，锅炉屏底温度上升；另一方面，理论燃烧温度的降低使屏底温度下降。两方面因素叠加造成屏底温度随烟气再循环率的提高而变化较小。

3.3.4　辐射、对流受热面吸热量

随着烟气再循环率的提高，理论燃烧温度的降低，水冷壁辐射吸热量明显降低。再循环率从 0% 提高到 15%，水冷壁吸热量从 8602kJ/kg 减少到 6519kJ/kg，辐射受热面吸热量下降 24.2%。

对于各级过热器，末级过热器为对流受热面，随着再循环率的提高，烟气量明显增加，受热面对流换热系数提高，末级过热器换热量不断增加；分隔屏过热器和后屏过热器为半辐射式受热面，吸热一部分来自炉膛的直接辐射热和屏间高温烟气的辐射热，另一部分来自对流换热。炉膛温度降低导致来自炉膛的直接辐射热降低，但是屏底温度并未降低，屏间烟气流量增加，屏间辐射热反而略有增加。所以位于炉膛上部的半辐射受热面吸热量，随着再循环率的提高呈上升趋势。综上，各级过热器的总吸热，随着再循环率提高而增加。再循环率从 0% 提高到 15%，过热器总吸热量从 4873kJ/kg 增加到

5508kJ/kg，增长 13.0%。

对于一、二次再热器，受热面均位于水平烟道和尾部烟道，属于对流吸热面。其中一次再热吸热量，从再循环率 0% 时的 3157kJ/kg 增加到再循环率 15% 时的 3746kJ/kg；二次再热吸热量，从再循环率 0% 时的 2213kJ/kg 增加到再循环率 15% 时的 2736kJ/kg，吸热量增加 23.6%。

对流受热面越靠近烟道尾部，随着再循环率的提高，受热面吸热量的增加比例越大，对烟气再循环率的变化更为敏感。烟气再循环率从 0% 提高到 15%，各级过热器吸热量仅增长 13.04%，一次再热吸热量增长 18.66%，二次再热吸热量增长达 23.62%。烟气再循环率对辐射、对流受热面吸热量的影响如图 3-11 所示。

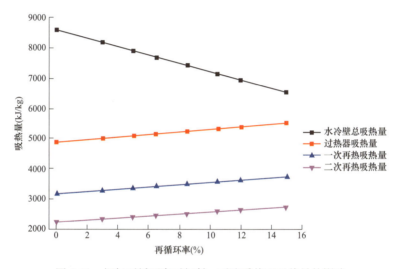

图 3-11　烟气再循环率对辐射、对流受热面吸热量的影响

3.3.5　蒸汽温度

不同的烟气再循环率，影响辐射和对流受热面之间的吸热比例，继而对蒸汽温度产生影响。随着再循环率的提高，辐射受热面吸热比例降低，水冷壁吸热量减少，再循环率每提高 1%，分离器出口蒸汽温度降低 2.19℃；对于各级过热器，虽然总吸热量随着再循环率的提高而增加，但增加的幅度远低于水冷壁吸热量的减少，故过热器出口蒸汽温度随着再循环率的提高而降低，再循环率每提高 1%，过热器出口蒸汽温度降低 3.2℃；一、二次再热器各受热面均属于对流受热面，再循环率每提高 1%，一次再热出口蒸汽温度提高 2.44℃，二次再热出口蒸汽温度提高 2.72℃。烟气再循环率对蒸汽温度的影响如图 3-12 所示。

3.3.6　各对流受热面吸热量

烟气再循环率从 0% 提高到 15%，再循环率每提高 1%，一次高再吸热量增加 0.28%；二次高再吸热量增加 0.54%；一次低再吸热量增加 2.02%；二次低再吸热量

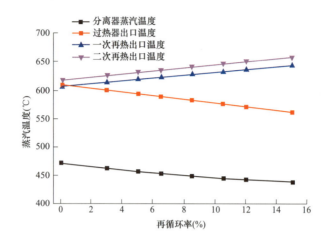

图 3-12　烟气再循环率对蒸汽温度的影响

增加 2.27%；前墙省煤器吸热量增加 2.02%，后墙省煤器吸热量增加 1.90%。

随着烟气再循环率的提高，流经省煤器前各锅炉受热面的烟气量均成比例增加，流通截面不变的情况下，流经各受热面的烟气流速增加，各受热面的对流换热系数随之提高，因此各受热面的对流吸热量显著增加。

由热力计算结果可知，对流受热面布置位置越往后，随着烟气再循环率的提高，吸热量的增幅越大，对烟气再循环率变化的响应越敏感。这是因为高温烟气传递给受热面的热量通过两种方式，一种为辐射换热，另一种为对流换热。高温烟气流经各受热面后，越靠近尾部烟道的烟气温度越低，导致烟气通过辐射换热方式传递给受热面的热量急剧降低，尾部受热面对流换热比例接近 100%。因此越靠近尾部烟道的受热面，受烟气流速变化的影响越大，对烟气再循环率变化的响应越敏感。烟气再循环率对各对流受热面吸热量的影响如图 3-13 所示。

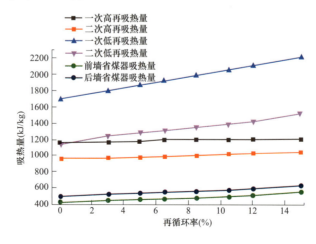

图 3-13　烟气再循环率对各对流受热面吸热量的影响

3.3.7 烟气再循环率对受热面吸热量分配的影响

以 BRL 和 75%THA 工况两种典型负荷的设计参数，进行热力计算，探究不同烟气再循环率对锅炉受热面吸收热量分配的影响。BRL 工况烟气再循环率对锅炉受热面吸热量分配的影响见表 3-3。75%THA 工况烟气再循环率对锅炉受热面吸热量分配的影响见表 3-4。

表 3-3　　　　　BRL 工况烟气再循环率对锅炉受热面吸热量分配的影响

序号	名称	单位	烟气循环率							
			0%	3.0%	5.0%	6.5%	8.5%	10.5%	12.0%	15.0%
1	理论燃烧温度	℃	1956	1912	1885	1866	1840	1816	1798	1763
2	炉膛出口烟温	℃	1365	1371	1374	1376	1379	1381	1382	1383
3	水冷壁吸热量	kJ/kg	7841	7398	7114	6896	6616	6342	6144	5753
4	炉膛上部水冷壁附加吸热量	kJ/kg	762	763	764	764	765	766	766	766
5	过热器吸热量	kJ/kg	4873	5022	5120	5187	5277	5360	5432	5508
6	一次再热吸热量	kJ/kg	3157	3281	3364	3442	3519	3583	3634	3746
7	二次再热吸热量	kJ/kg	2213	2315	2387	2433	2517	2599	2646	2736
8	分离器蒸汽温度	℃	471.1	462.6	457.3	453.7	449.1	445.2	442.6	438.3
9	过热器出口温度	℃	609.5	599.5	592.5	587.4	580.5	574.3	570.4	561.5
10	一次再热出口汽温	℃	607.4	615.0	620.2	625.0	629.9	633.9	637.0	644.0
11	二次再热出口汽温	℃	617.5	625.5	631.1	634.7	641.3	647.6	651.5	658.3

表 3-4　　　　75%THA 工况烟气再循环率对锅炉受热面吸热量分配的影响

序号	名称	单位	烟气再循环率			
1	烟气循环量	%	6.0%	8.0%	10.0%	13.7%
2	理论燃烧温度	℃	1840.4	1814.7	1789.9	1746.4
3	炉膛出口烟温	℃	1310.0	1313.0	1316.0	1320.0
4	水冷壁吸热量	kJ/kg	7523	7247	6969	6474
5	炉膛上部水冷壁附加吸热量	kJ/kg	870	870	871	872
6	过热器吸热量	kJ/kg	5254	5370	5487	5674
7	一次再热吸热量	kJ/kg	3281	3361	3425	3571
8	二次再热吸热量	kJ/kg	2068	2134	2201	2303
9	分离器蒸汽温度	℃	433.1	427.6	422.5	414.9
10	过热器出口温度	℃	598.1	591.3	584.6	572.5
11	一次再热出口汽温	℃	615.1	620.1	624.0	633.1
12	二次再热出口汽温	℃	606.0	611.2	616.5	624.5

BRL工况不同烟气再循环率对炉膛温度、辐射对流受热面吸热量、蒸汽温度等影响已具体分析。总的来说，在BRL工况下，通过调整烟气再循环率，可以使主、再热蒸汽温度达到额定值。

75%THA工况下，通过调节烟气再循环率，已无法同时保证主、再热蒸汽温度达到额定值，烟气再循环率为6%时，过热蒸汽出口温度为598.1℃，一次再热出口蒸汽温度为615.1℃，二次再热出口蒸汽温度606.0℃；其中主蒸汽温度欠温6.9℃，一次再热蒸汽温度欠温7.9℃，二次再热蒸汽温度欠温17.0℃。

75%THA工况下，若继续降低烟气再循环率，一次再热蒸汽温度将比设计值低10℃以上，二次再热蒸汽温度将比设计值低20℃以上；若提高烟气再循环率，主蒸汽温度欠温超过10℃，当烟气再循环率提高至10%，主蒸汽温度低于设计值25.4℃。此时过高或过低的烟气再循环率均会造成蒸汽参数大幅度偏离设计值，机组的经济性无法保障。以雷州电厂项目现有的受热面设计布置，75%THA工况，单纯依靠烟气再循环系统已无法同时保障主再热蒸汽温度，需配合进行燃烧器摆角、配风以及磨的组合方式等，对蒸汽温度进行调节。

3.3.8 烟气再循环抽炉烟位置选择

3.3.8.1 炉烟抽取方案

采用烟气再循环的调温方式，循环烟气抽取点位置主要有三处：省煤器后、除尘器后、引风机后。

(1) 省煤器后抽取烟气，如图3-14所示。从省煤器后抽取烟气，根据锅炉负荷不同，炉烟温度为320~400℃，该方案抽取烟气的温度较其他方案都较高，循环烟气返回炉膛后对炉内燃烧影响较小。由于再循环烟气量不流经脱硝装置、空气预热器、除尘器，这些设备的流通烟气流量不变，设备选型、初投资和运行成本不变。该方案再循环

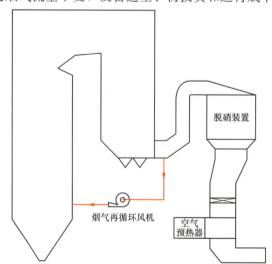

图3-14 从省煤器后抽取烟气的方案

风机压头较低，但因烟气温度较高，风机容积流量较大。

该方案的再循环风机的工作环境较差，处于高浓度粉尘、高温烟气的环境下，对风机的耐磨及耐温要求很高，需要选用耐高温、耐磨损的风机，成本相对更高，并且风机故障率较高，需定期进行维护，维护费用较高。据咨询设备厂家，在该条件下使用风机，风机采用离心式，叶轮经过防磨处理，风机设备厂只能保证1～2年的使用寿命。

从对锅炉效率的影响看，该方案由于不会增加脱硝、空气预热器的设计容量，对锅炉排烟温度没有影响，锅炉效率不变。

（2）除尘器后抽取烟气，如图3-15所示。由于锅炉排烟温度在125℃左右，且除尘器前设置有低温省煤器，除尘器后的烟气温度仅为100℃左右，循环烟气返回炉膛后对炉内燃烧稍有影响。由于再循环烟气量流经脱硝装置、空气预热器和除尘器，这些设备的流通烟气量增加，设备选型、初投资和运行成本都会增加，且增加了除尘器的运行电耗。同时由于除尘器后烟气的负压最大，再循环风机压头较高，但因烟气温度较低，风机容积流量较小。

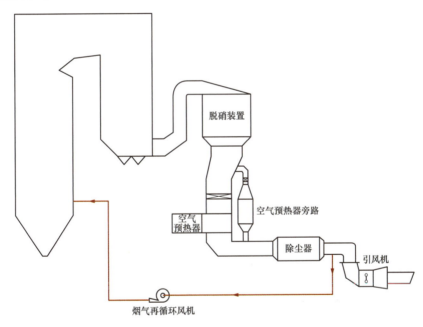

图 3-15　从除尘器后抽取烟气的方案

由于此处烟气已经过除尘，烟气含灰量很低，烟温也不高，再循环风机运行条件较好，风机运行稳定，寿命较长。从对锅炉效率的影响看，从除尘器后抽取烟气，会造成空气预热器入口烟气量的增加，而锅炉需要的空气量并没有变化，仅通过增加空气预热器的蓄热材料也无法降低排烟温度，若不采用其他措施，空气预热器出口的排烟温度将提高，导致排烟热损失增加，锅炉效率降低。目前锅炉厂为了降低排烟温度，大都设有空气预热器旁烟气旁路，将多余的烟气量引入该旁路内通过换热面与给水和凝结水换热，达到降低排烟温度的目的。同时由于设置了空气预热器旁路烟道，可将较多份额的烟气通过旁路烟道，保证空气预热器选型不需要加大，甚至可以选择较少的换热面积，只要满足冷端腐蚀和热空气的温度即可，多余的烟气经过旁路烟道达到降低排烟温度的目的。但是应该注意的是，该旁路烟道的烟气热量利用计算，对于锅炉和汽轮机收益只能计算一次。如果该部分烟气热量按有效热计算，则锅炉效率应按降低后的排烟温度计算，即锅炉效率保持不变，那么给水、凝结水的吸热应按有效热利用处理，汽轮机热耗中应考虑该部分热量，即热耗增加。如果该部分烟气热量按余热考虑，汽轮机热耗计算时热耗减少，但该部分热量并没有被锅炉本体利用，那么计算锅炉效率时，排烟温度应该按空气预热器本体出口和烟气旁路入口的加权温度计算，锅炉排烟温度是升高的，锅炉效率是降低的，即汽轮机热耗减少，锅炉效率下降。但无论哪种算法，由于烟气旁路的热量向给水和凝结水传递，与直接向空气传递相比，前者的能量利用效益都较低，因此设置烟气旁路后机组整体经济性都会降低。

（3）引风机后抽取烟气，如图 3-16 所示。从引风机后抽取烟气，与除尘器后抽取烟气方案基本相同。不同之处在于由于烟气从引风机出口抽取，经过引风机的烟气流量相应增加，且抽取口的烟气压力较除尘器出口要高，即再循环风机的全压升温相对较低。对于增引合一引风机，引风机克服烟气全程阻力，引风机出口运行压头约 3000Pa，该压头基本满足再循环风机的需求压头。但是再循环风机的运行参数（流量和压头）是由再热蒸汽温度控制需求决定的，而引风机的运行参数（流量和压头）主要随锅炉负荷变化，因此再循环烟气风机与引风机的选择和运行参数需要独立控制，因此再循环烟气风机选型时入口压力不能完全依据引风机出口运行压头，而是尽量维持在一个相对固定的压力，需要设置调节门进行调节，造成一定的节流损失。该方案与在除尘器后抽烟气方案相同，都会使机组整体经济性降低。

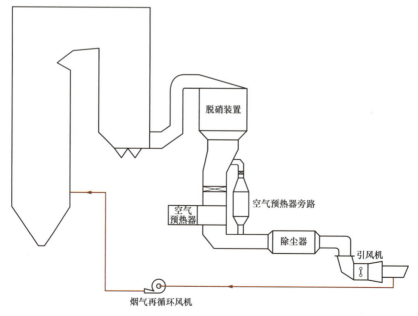

图 3-16　从引风机后抽取烟气的方案

3.3.8.2 三种循环烟气抽取点位置方案的比较

因循环烟气抽取点位置的不同，相关系统和设备配置选型、锅炉主辅机运行参数等也有所差异。三种循环烟气抽取点位置方案的比较见表3-5。

表 3-5　　　　　　　　　　三种循环烟气抽取点位置方案的比较

项目	方案一	方案二	方案三	备注
烟气抽取点位置	省煤器出口	除尘器出口	引风机出口	
对炉内燃烧的影响	较小	稍大	稍大	
机组效率	不变	略有降低	略有降低	
脱硝装置选型流量	不变	增大	增大	
空气预热器选型流量	不变	增大	增大	含空气预热器烟气旁路
除尘器选型流量	不变	增大	增大	
引风机选型流量	不变	不变	增大	
再循环风机选型流量	较高	较低	较低	
再循环风机选型压头	较低	较高	最低	

3.3.8.3 各种烟气抽取位置方案的经济比较

从上述论述可以看出，选择不同的烟气再循环抽取位置，相关设备的初投资和运行费用不同，以下主要就其经济性进行分析和比较。从对全厂的厂用电的影响，由于抽取的烟气体积流量不同，压升不同，造成厂用电耗也不同。采用烟气再循环的调温方式，烟气循环为10%～20%。对应三个方案，再循环风机的配置为：

方案一：省煤器出口抽取炉烟，每台炉配置4×35%再循环风机，3运1备。

方案二：除尘器出口抽取炉烟，每台炉配置2×50%再循环风机。

方案三：引风机出口抽取炉烟，每台炉配置2×50%再循环风机。

以上三个方案均按变频调速考虑。三种方案技术方案的年费用对比见表3-6。

表 3-6　　　　　　　三种方案技术方案的年费用对比表（单台机组）

序号	项目	单位	方案一	方案二	方案三
1	设备投资费用 Z	万元	420	1750	1680
2	固定费用率 f	—	0.17	0.17	0.17
3	年运行费用 U	万元	120.2	163.3	213.7
4	年费 NF	万元	188.4	454.4	490.9
5	年费用排序	—	1	2	3

方案一采用省煤器出口抽取烟气，由于设备投资费用较小，且运行费用较低，因此年费用最低，最经济；方案二采用除尘器出口抽取烟气的年费用排第2位；方案三采用引风机出口抽取烟气的年费用最高。从经济性对比结论看，推荐采用方案一即从省煤器出口抽取烟气。

3.4 风机选型优化

火电厂三大风机参数的确定直接影响到整个电厂的正常运行和经济效益,一次风机、送风机和引风机是火力发电厂厂用电的消耗大户,所以优化风机配置,准确选型,合理选取裕量具有十分重要的意义。目前,不论是国产还是引进的电站锅炉风机,几乎均是选用高效的轴流风机,但其在电厂运行的经济性却有很大差别,其主要原因是所选风机的设计特性与其工作特性的匹配程度不尽相同。因此,在风机型式选定的前提下,选择合理的风机选型设计参数,以便与锅炉烟风系统运行相匹配显得极为重要。

3.4.1 风机调节性能比较

动叶可调轴流风机、静叶可调轴流式风机、离心式风机三种风机的等效曲线均为椭圆形,但三种风机椭圆的长短轴方向及椭圆度不同。

动叶可调轴流风机等效曲线的长轴与系统阻力曲线基本平行,短轴与阻力曲线垂直。在运行时,其优越性是非常明显的:变工况时,工作参数沿阻力线上升或下降,风机仍可保持在高效区。由于风机选型是以 BMCR 工况为基础,上留一定裕量为 TB 点,风机必须保证在此 TB 工况下高效率正常运行,但此时 BMCR 工况效率仍在高效区,效率甚至比 TB 点还高。

静叶可调轴流式风机的等效特性曲线的椭圆度较小,其长轴方向基本上与流量轴垂直,短轴与风压轴垂直,如此,系统的阻力特性曲线与长短轴成一个角度。椭圆度(长短轴之比)较小,加上与阻力特性曲线有一定的夹角,使高效率区比动叶可调轴流风机小,而且向小流量调节相同流量时,其效率下降得比动叶可调快,调节效果就比动叶可调轴流风机差一些。

离心式风机的等效特性曲线椭圆长轴方向基本上与系统阻力特性曲线垂直,短轴近似与阻力曲线平行,这样的特性,造成在工况变化时,运行效率沿阻力特性曲线迅速下降。此外,离心式风机只能往关小(负向)方向调节,其 TB 点占领了高效点,则无论 BMCR 还是其他工况,效率必然比 TB 工况点低,且负荷越低,效率下降越快。

由此可见,动叶可调轴流风机具有最佳的调节特性,静叶可调轴流式风机次之,离心式风机最差。

3.4.2 一次风机、引风机选型

对于一次风机而言,系统要求一次风保持较高风压,TB 点在 12kPa 以上,动叶可调轴流风机可靠采用双级叶轮来解决;离心风机可靠增加叶轮直径或提高转速来解决。而静叶可调轴流风机则难以达到一次风机的压头要求,不作考虑。由于考虑到煤质变化、空气预热器漏风增加、磨煤机切换等因素,在一次风机选型时,留有较大的风量和压头裕量,TB 点离运行点较远,离心风机运行效率较低,动叶可调轴流式风机显得较为优越。从动叶可调轴流风机特性曲线与离心式风机特性曲线对比可见，在锅炉低负荷时，一次风机处于小流量、高扬程工况下运行。轴流风机的失速线比离心风机低得多，产生喘振的危险性更大。现在技术上已考虑到这种工况：设计时使运行点处于风机特性的失速线之下，并辅以装设喘振保护装置，使动叶可调轴流风机可广泛用作一次风机。

对于引风机选型，由于离心风机的主要缺点在于风机效率低，运行经济性差，因此离心式引风机不作考虑。由于烟气含尘量的降低和轴流风机的耐磨性提高，无论静叶可调轴流风机还是动叶可调轴流风机，作为引风机均是可行的。脱硫增压风机其工作条件与引风机完全相同，其作用只是分担系统阻力。近年来新建火电机组大多同步建设脱硝系统，烟风侧的阻力增加 1000～1200Pa，取消增压风机后引风机的选型压头已经接近 8000Pa。当机组同步建设脱硫、脱硝设备，取消增压风机的情况下，引风机选用静叶可调风机或者动叶可调风机都是可行的。

3.4.2.1　风机的技术经济性比较

通过几种型式风机的对比，它们引起厂用电率变化的范围都不是很大，所以对比方案涉及的管理费用、附属设备的成本的差别是非常小的，可以认为是相等的，方案对比可以只考虑煤价和效率等主要因素。通过最小年费法的技术经济比较得出一次风机与引风机选型。

一次风机技术经济性比较：按照设计年利用小时数 5500h，年运行 7150h 计算，年费用离心式一次风机价格虽然比动叶可调轴流式风机低得多，但离心式风机在低负荷工况下效率较差，导致年运行费用太高，因而其年费用反而比动叶可调轴流式一次风机高。从年费用的对比分析，雷州电厂项目一次风机采用动叶可调轴流式年费用最低，年费用较离心式低 95.82 万元。故本项目一次风机的型式推荐采用动叶调节轴流式风机。

引风机技术经济性比较：经增压风机、引风机合一和增压风机、引风机分开配置对比后，按照设计年利用小时数 5500h，年运行 7150h 计算，雷州电厂项目采用取消增压风机方案，当引风机选用动调风机时年费用最低，选用静调风机时年费用第二，两者年费用相差约 123.3 万元；选用动叶可调轴流式引风机＋脱硫增压风机方案年费用第三，选用静叶可调轴流式引风机＋脱硫增压风机时年费用最高。从年费用的排序来分析，该项目引风机采用高压头动叶可调轴流式年费用最低，较高压头静叶可调轴流式的年费用低 123.3 万元。该项目引风机的型式推荐采用高压头动叶调节轴流式风机。

3.4.2.2　三大风机风量、 风压裕量的选择优化

1000MW 火电厂锅炉风机，几乎均是选用高效的轴流风机，在风机型式选定的前提下，风机选型设计参数的选取是风机运行经济性和可靠性好坏的关键。

1. 一次风机风量风压裕量选择

GB 50660—2011《大中型火力发电厂设计规范》规定对冷一次风机的风机裕量调整为 20％～30％，主要考虑以下三个因素：①一次风机基本风量按 BMCR 工况及空气预热器运行一年后保证漏风率计算，已包含一定的裕量；②随着回转式空气预热器密封技术的改进，漏风率已趋于降低，一次风机裕量的选取应与技术进步相适应；③根据西安

热工院的调研结果，目前国内大中型机组普遍存在一次风机裕量过大问题。

经过已投产 1000MW 电厂调查数据分析，有些厂风量及风压计算均按照厂家提供的最高值作为设计的基点，再按选型裕量进行计算。而厂家提供的数据一般都是较大值，特别是磨煤机等大型辅机，厂家一般将本体阻力按估算最大值并考虑一定的裕量进行计算，此外，实际运行的煤种与设计煤种的偏差，也使风机运行偏离原设计工况。所以实际工况点会与设计点不相符，进一步造成了风机 TB 点高，型号过大。

结合雷州电厂项目的情况，一次风机的裕量选定着重考虑了如下因素：①国内回转式空气预热器设备厂家提供的一次风泄漏率计算值基本在 25%～30%，保证值为 35%，因此空气预热器泄漏量增加仅为 5%～10%，比原规程空气预热器泄漏增加率减小 10%～15%，因此一次风量裕量可以相应由 33.5%～39.5%优化为 18.5%～25%，本项目的一次风机风量裕量按 20%选取，并考虑温度裕量；②由于空气预热器泄漏量增加可以控制在 5%～10%，由空气预热器泄漏量增加引起的压头增加可以控制在 5%以下，一次风机压头裕量可以相应由 26%优化为 20%，因此项目的一次风机风压裕量按 20%选取。

2. 送风机风量风压裕量选择

（1）送风机裕量构成。

1）风量裕量。

炉膛过剩空气系数：雷州电厂项目炉膛的过剩空气系数按 1.15 选取。

空气预热器的漏风率：空气预热器二次风的漏风较小。根据理论计算，空气预热器中的风从二次风侧漏向烟气侧，同时又从一次风侧漏向二次风侧，空气预热器中二次风的漏风量因相互抵消而绝对数量是很小的。

燃烧调整：燃料波动引起一次风率变化从而影响送风机出力。

2）压头裕量。

空气预热器受热面沾污：空气预热器在运行后期未冲洗的情况下，由于受热面沾污造成的阻力增大。SCR 系统中未耗尽的氨与烟气中的 SO_3 化学反应而产生硫酸氢氨（NH_4HSO_4）。NH_4HSO_4 在 150～210℃时处于液态，液态的 NH_4HSO_4 黏性很强，容易粘结在空气预热器的低温段而造成通道堵塞，因此对于设置 SCR 的机组，在风机压头裕量的取值上需要充分考虑空气预热器堵塞的因素。因风量增大带来的风道阻力增加，结合雷州电厂项目情况，送风机风量裕量按 5%选取，并考虑温度裕量，压头裕量按 15%选取。

（2）引风机裕量构成。

1）风量裕量。

燃烧影响：从多次性能试验结果看，在机组出力不变的情况下，锅炉的烟气量变化却很大。烟气质量流量变化较大的主要原因是燃煤发热量的变化以及机组效率的波动导致煤耗量的变化。烟气容积流量的变化更大，容积流量的增加导致引风机性能试验时引风机风量接近 TB 点。此外还受锅炉排烟温度、空气预热器的漏风率影响。

2）压头裕量。

影响因素：空气预热器受热面沾污、烟道积灰、脱硝催化剂反应区积灰、烟气量变化引起的烟道阻力增加。

结合本项目情况，对于引风机的选型裕量，着重考虑了如下因素：①现阶段的密封技术和设备都比较先进，在后期漏风率的变化范围不会太大，并且对于1000MW等级的大容量机组，风量较大，空气预热器本体也相当巨大，这有利于控制漏风间隙，更能很好地控制泄漏量。因此引风机风量裕量按10%选取；②根据电力行业的调研结果，相当多的电厂在运行中存在锅炉排烟温度偏高现象，且与设计值之间的正偏差大于10℃，甚至部分电厂达到20℃以上。因此引风机风量裕量考虑15℃温度裕量；③引风机的压头裕量按20%选取。

3.4.2.3　结论

（1）通过离心式风机、静叶可调轴流式风机、动叶可调轴流式风机的结构、价格、检修维护量、效率特性等技术经济比较，本项目一次风机、送风机采用动叶可调轴流式风机。通过技术经济比较，采用静叶可调轴流式引风机＋脱硫增压风机的年费用最高，采用高压头静叶可调轴流式风机的年费用第二，采用动叶可调轴流式引风机＋脱硫增压风机的年费用第三，采用高压头动叶可调轴流式引风机年费用最低。本项目脱硫增压风机、引风机合并后不会导致厂用电电压等级上升以及锅炉炉膛防爆瞬态设计负压提高，不会引起其他相关专业或设备投资增加，项目采用脱硫增压风机与引风机合并动叶可调轴流式风机。

（2）通过对以往项目实际运行情况分析，结合新版设计规范，雷州电厂项目三大风机的选型裕量适当优化如下：

1）一次风机，风量裕量按20%＋温度裕量（夏季通风室外计算温度），压头裕量按20%考虑。

2）送风机，风量裕量按5%＋温度裕量（夏季通风室外计算温度）考虑，压头裕量按15%考虑。

3）引风机，风量裕量按10%＋15℃温度裕量，压头裕量按20%考虑。

3.5　给水系统选型设计优化

随着给水泵及其驱动汽轮机制造能力的提高，以及运行业绩和经验的增多，无论是一次再热还是二次再热1000MW超超临界机组，1×100%全容量配置方案逐渐成为主流。雷州电厂项目在设计方面充分吸收国内外1000MW机组100%容量汽动给水泵成熟经验的基础上，合理优化给水系统，针对1000MW二次再热机组100%容量汽动给水泵组配置型式、最终给水温度选取等方面进行了优化设计。

3.5.1　汽动给水泵容量选择

2012年以前，国内外1000MW超超临界一次机组主给水泵基本以2×50%容量配置方案为主。随着我国全容量给水泵及配套汽轮机生产制造能力逐步提高以及运行业绩和经验的增多，新建 1000MW 一次再热机组工程已全面采用 100％BMCR 容量汽动给水泵方案，二次再热 1000MW 机组也有项目开始采用 100％BMCR 容量汽动给水泵方案。国内外 1000MW 超超临界一、二次再热机组给水泵配置情况见表 3-7。

表 3-7 　　　国内外 1000MW 超超临界一、二次再热机组给水泵配置情况

序号	电　厂	机组容量	给水泵的配置	
			汽动给水泵	电动给水泵
一	德国和欧洲其他国家			
1	RWE Westfalen Germany1～6 号机	1200MW	1×100％BMCR	/
2	TXU-Big Brown	1000MW	1×100％BMCR	/
3	TXU-Lake Creek	1000MW	1×100％BMCR	/
4	TXU-Tradinghouse	1000MW	1×100％BMCR	/
二	日本			
1	碧南电厂 4 号、5 号机	1000MW	2×50％BMCR	
2	橘湾电厂	1000MW	2×50％BMCR	1×25％BMCR
3	新地电厂	1000MW	2×50％BMCR	1×50％BMCR
三	国内电厂			
1	玉环电厂	1000MW	2×50％BMCR	1×25％BMCR
2	邹县电厂	1000MW	2×50％BMCR	1×30％BMCR
3	泰州电厂	1000MW	2×50％BMCR	1×30％BMCR
4	外高桥三期	1000MW	1×100％BMCR	/
5	华能海门电厂	1000MW	2×50％BMCR	1×30％BMCR
6	大唐潮州电厂	1000MW	2×50％BMCR	1×30％BMCR
7	粤电惠来电厂	1000MW	2×50％BMCR	/
8	台山电厂二期	1000MW	2×50％BMCR	/

3.5.2　二次再热机组 100％容量汽动给水泵与配套汽轮机选型

3.5.2.1　对于 1000MW 容量机组的 1×100％汽动给水泵容量方案

目前国内泵厂 100％容量给水泵设计方案仍需采购 SULZER（苏尔寿）、KSB（凯士比）、EBARA（荏原）全进口产品或进口组装产品。相比于 1000MW 一次再热机组 100％容量汽动给水泵组，二次再热全容量泵组的设计容量减低约 10％，但设计扬程也提高约 10％，泵组轴功率也需要整体提高 10％；相比于 1000MW 二次再热机组 2×50％容量汽动给水泵组，二次再热全容量泵组的设计容量翻倍，设计扬程一致，泵组轴功率也需要整体提高 100％。1000MW 二次再热机组 100％容量汽动给水泵组的通流设计、叶轮直径、叶轮级数、筒体承压以及配套汽轮机的最大出力、末级叶片选型等是方案实施的关键因素。

对于 1000MW 二次再热机组 100％容量汽动给水泵叶轮选型，各厂均提供了叶轮及级数的选型方案，说明 1000MW 二次再热机组 100％容量汽动给水泵是可以选型的，没有超出各厂的部件加工、整体制造能力。对于可靠性，目前各厂二次再热 100％容量的方案中，叶轮级数和直径基本与一次再热机组 100％容量或二次再热机组 50％容量选型方案一致，而转速均小于其最高转速限制。因此，1000MW 二次再热机组 100％容量汽动给水泵转动部件——叶轮的技术方案是可实施的。目前，各厂的高压给水泵筒体设计均为桶袋式、双壳体、大端盖型式。1000MW 二次再热机组 100％容量给水泵筒体设计和制造的难点将体现在：筒体承压能力、芯包与筒体的端面密封。关于筒体设计，由于各泵厂的筒体均为锻造结构，结合各泵厂数据与实际运行情况，超高压情况下的端面密封也不是问题，因此，1000MW 二次再热机组 100％容量给水泵筒体设计和制造不存在问题。

3.5.2.2　对于 1000MW 容量机组的 1×100％汽动给水泵配套汽轮机方案

目前 1000MW 一次再热机组的 1×100％容量给水泵所配套的汽轮机，国内三大小汽轮机生产厂——杭汽、上汽和东汽均已有订货业绩。设计院经调研咨询，这三家给水泵汽轮机厂均能针对 1000MW 二次再热机组的 1×100％容量给水泵所配套的汽轮机进行选型。对于 1000MW 二次再热机组 100％容量给水泵汽轮机来说，其最大难点一是在于出力能否满足给水泵需要；二是二次再热机组抽汽供汽参数能否与小汽轮机选型匹配。经咨询相关小汽轮机生产厂，与一次再热 100％容量小汽轮机所选的同类机型，其最高出力可到 45MW，完全可以满足 1000MW 二次再热机组 100％容量给水泵需求，并已提供选型参数表。二次再热 50％容量和 100％容量泵均需国外设计、制造，供货周期一致。

二次再热机组供汽参数与小汽轮机末级叶片选型：由于二次再热机组再热温度的提高，上汽主机供给水泵汽轮机驱动用的 5 段抽汽过热度较高（约 1.1MPa、约 455℃），小汽轮机末级叶片材料选择将不同于一次再热机组全容量小汽轮机，经确认，同样的问题在二次再热半容量小汽轮机已解决，只需将二次再热半容量小汽轮机所选末叶材料沿用到全容量小汽轮机即可。

综上所述，雷州电厂项目采用 1000MW 二次再热机组 100％容量泵方案。

3.5.3　给水泵组与小汽轮机效率比较

目前，1000MW 机组配套生产 100％容量国产给水泵汽轮机厂家，1×100％容量汽动给水泵组配置国产小汽轮机在额定负荷工况运行时，机组效率均可达 85％以上，大大优于 50％小汽轮机。100％全容量和 50％半容量汽动给水泵组各工况效率见表 3-8。全容量小汽轮机与 50％容量小汽轮机效率差异情况见表 3-9。

表 3-8　　100％全容量和 50％半容量汽动给水泵组各工况效率（％）

工况名称	100％THA	75％THA	50％THA	40％THA
1×100％全容量泵效率	87.07	83.49	75.75	71.32
2×50％半容量泵效率	85.96	82.44	74.35	70.82

表 3-9　　　　　　全容量小汽轮机与 50% 容量小汽轮机效率差异（%）

工况名称	100%THA	75%THA	50%THA	40%THA
1×100% 全容量小汽轮机效率	85.38	84.65	81.08	75.07
2×50% 半容量小汽轮机效率	84.56	83.83	76.21	71.29

3.5.4　主给水泵投资与运行经济性比较

根据已投产 1000MW 二次再热机组情况，1000MW 二次再热机组 50% 容量泵分别采用全进口方案与本项目方案，两者经过比较，发现无论采用何种容量配置方案，在进口范围一致的情况下，给水泵价格相差不大。如采用芯包进口方案，全容量泵组相比半容量泵组整体节省材料，两台机组造价可降低约 200 万元。采用高效 100% 容量汽动给水泵及小汽轮机，对于给水泵、给水泵汽轮机等热力系统的关键设备，选择经济且长期高效的设备，将有利于提高机组的整体经济性。据测算，给水泵效率提高 1%，则机组热耗可降低约 3kJ/kWh，小汽轮机效率提高 1%，则机组热耗可降低约 4.2kJ/kWh，由此看来，给水泵及小汽轮机效率对机组热效率有重要影响。

3.5.5　最终给水温度选择

二次再热机组中，为了降低汽轮机的热耗，采用十级回热，提高了初参数，其中给水温度提升是一个重要因素。而给水温度提升，对锅炉来说存在低负荷水动力不稳定、水冷壁高温段材质温度裕量减小、排烟温度升高、排烟热损失增加、锅炉效率降低等问题。

雷州电厂项目最初主机技术协议中省煤器入口给水温度为 320℃，若提高至 330℃，对汽水系统的影响主要有以下四方面：

（1）经汽机厂核算，汽轮机热耗率可从 7110kJ/kWh 降低到 7100kJ/kWh。

（2）由于给水温度提高，1 段抽汽量需增大，相应锅炉 BMCR 蒸发量从 2708t/h 增大到 2765t/h，增大 57t/h，而一次再热器流量减小 43t/h，二次再热器流量减少 29t/h。

（3）由于再热蒸汽量减少，原 1455.5t/h 汽轮机凝汽量可减少 21t/h，凝汽器面积余量更大或略减低。

（4）为了控制给水温度，原 320℃ 方案中 1 段抽汽需设置减压阀，提高到 330℃ 后，该减压阀可取消。

针对雷州电厂项目给水温度由 320℃ 提高至 330℃ 方案，锅炉厂提供了以下方案：

（1）汽轮机主汽流量适当增加，省煤器的换热温差变小，前烟道、后烟道需要适当的增加省煤器受热面，初步核算省煤器增加重量约 150t（单台炉）。

（2）省煤器出口蒸汽温度由原来的 358℃ 升高到 363℃，省煤器出口的过冷度减少。

（3）分离器出口蒸汽温度由原来的 462℃ 升高到 465℃，运行时过热度将提高到 65℃ 左右，上部水冷壁的壁温裕量略有降低，分离器采用 P91 材料，能够满足运行汽温要求。

经锅炉厂验算，给水温度由 320℃ 提升至 330℃，不影响锅炉保证效率，且能够保证水冷壁水动力特性和壁温的安全性。给水温度提高后，虽然省煤器出口工质温度相应提高，过冷度减小，但是仍然有一定的余量能够保证水动力特性安全，同时分离器温度及整个水冷壁系统温度水平也会有所升高，从水冷壁及分离器材料的选取角度考虑可以保证壁温安全。

由以上分析可知，雷州电厂项目给水温度由 320℃ 提高至 330℃，可降低热耗 10kJ/kWh，且不影响锅炉安全性及效率，因此，优化省煤器入口最终给水温度提高至 330℃。

3.6 一、二次再热系统压降优化

管道损失包括沿程损失和局部阻力损失，因而管道系统压降的优化主要从沿程阻力损失、局部阻力损失角度出发，可通过加大管道内径、减少管道长度、降低管道内壁的粗糙度、降低局部阻力等措施来实现。雷州电厂项目采用以下优化措施降低管系压降：设计合理的管道规格、优化六大管道布置、主汽和一次再热系统采用内径管道，选择合适的管道粗糙度、在主蒸汽管道上不装设流量测量喷嘴，降低主蒸汽管道压降、在主蒸汽管道上不设水压试验堵阀。

综合以上压降优化和压降计算，锅炉过热器出口至汽轮机进口的压降不大于汽轮机额定进汽压力的 4.5%。一次再热蒸汽总压降取不超过汽轮机额定功率工况下高压缸排汽压力的 6.5%。二次再热蒸汽总压降取不超过汽轮机额定功率工况下中压缸排汽压力的 11%。

3.7 宽负荷节能设计

3.7.1 宽负荷设计基准

完整的火电机组宽负荷节能设计，一方面需要覆盖汽轮机、锅炉、热力系统和辅机，因为每项技术措施都将与周边的设备相互关联；另一方面，需要研究不同的节能措施在每个负荷段的节能效果。尤其需要重点研究的是，一些参数的配置仅对某些工况有较好的节能效果，在另外一些工况下可能会增加能耗，因此，通过优化，兼顾 50%～100% 负荷范围内的节能，达到最优的平均能耗。最后，为了保证实现宽负荷节能，性能考核方法需要有相应的改变。

宽负荷节能设计应在技术经济比较的框架下实施。

宽负荷节能设计中，理论上需要对电量积分，并对加权平均煤耗进行优化，得到

$$\min B = \int_0^{100\%} b(P)E(P)\mathrm{d}P \tag{3-10}$$

式中　b——各负荷下机组煤耗率，g/kWh；

　　　B——平均煤耗率，%；

　　　P——负荷率，%；

　　　E——各负荷发电量份额百分比，是负荷率的函数，$\int_0^{100\%} E(P)\mathrm{d}P = 100\%$。

但是，这种方法不具备可操作性，因此实践中一般是进行简化处理。在一些工程中，针对以下的加权平均煤耗进行优化，即

$$B_{\min} = b_{100} \times E_{100} + b_{75} \times E_{75} + b_{50} \times E_{50} \tag{3-11}$$

式中　下标——负荷率，比如$_{75}$代表75%负荷对应的数值，$E_{100} + E_{75} + E_{50} = 100\%$。

3.7.2　不同类型的设计方法

3.7.2.1　第1类情形

第1类宽负荷节能设计，是对所有工况都有节能效果的设计，而且不同负荷、工况下，节能量差别不大。比如提高主蒸汽温度和再热蒸汽温度、采用新型高效汽封等，节能特性如图3-17所示。国内目前的节能设计以及相关研究主要针对这种情形。

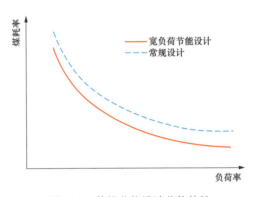

图 3-17　传统节能设计节能特性

3.7.2.2　第2类情形

第2类宽负荷节能设计，是指对于不同负荷，节能量明显不同的设计，甚至是只对一些工况有节能效果，参数优选时必须有所取舍的设计。比如汽轮机排汽面积优选，这类问题是宽负荷节能设计需要重点解决的。解决这类问题时，预测的平均负荷率等边界条件必须可靠。图3-18给出了这类设计的4种情形。两条曲线在端部接近后可能重叠。

宽负荷节能还有一种特殊情形，如图3-19所示，即中间负荷段节能，而在两端增加能耗，或者反过来，两端节能而中间段增加能耗，使得总体上具有节能效果。这种情形的设计优化和节能量评估相对更复杂一些。

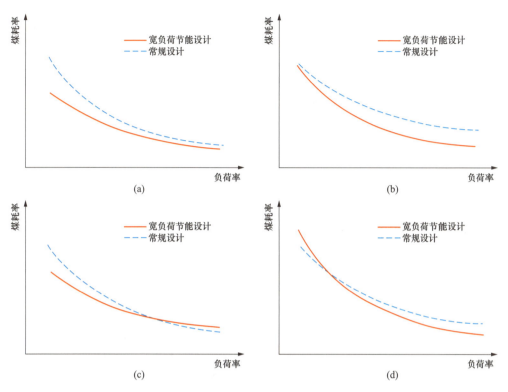

图 3-18　第 2 类宽负荷节能设计的各种情形

（a）宽负荷节能设计的情形一；（b）宽负荷节能设计的情形二；

（c）宽负荷节能设计的情形三；（d）宽负荷节能设计的情形四

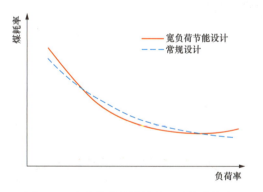

图 3-19　宽负荷节能设计的一种特殊情形

3.8　汽轮机通流选型优化

3.8.1　优化设计负荷基准

与式（3-11）类似，对于汽轮机热耗的优化目标值及考核值计算式为

$$HR_{\min} = HR_{100} \times E_{100} + HR \times E_7 \tag{3-12}$$

式中　HR——汽轮机热耗率，kJ/kWh；

　　　　下标——数值含义同式（3-11）。

这是目前一些项目使用的方法，其中各负荷的发电权重由电厂提出，一般 E_{75} 相对较大。为了在保证优化节能效果的前提下简化流程，对于绝大多数情形，合理的设计和考核方式是直接针对平均负荷工况进行优化设计与性能考核。

在当前的电网环境条件下，宽负荷节能意味着机组应按腰荷特性，针对平均负荷工况进行优化设计。选择平均负荷，需要考虑当地电网的需求，以及机组自身的级别。对于效率最高、热力系统最复杂的超超临界二次再热机组，预设平均负荷应高一些，比如 80%；而参数较低的超临界机组，可选 70%，具体应根据电网特性进行评估得出。

3.8.2　汽轮机进汽端优化

汽轮机本体是火电机组宽负荷节能设计的关键领域之一。从通流效率的角度考虑，宽负荷节能设计问题可以转化为汽轮机进汽和排汽端优化设计问题。

进汽端设计，指的是调节级（或高压缸首级）的通流面积，以及调节级焓降、速比的优选。一般情况下，依据现代汽轮机设计制造技术水平，可以通过缩小高压缸通流面积，减少阀门全开（VWO）工况相对于热耗率验收（THA）工况的主汽流量设计余量，提高低负荷下的主蒸汽压力。同时，适当减少调节级焓降。对于节流配汽汽轮机，设置补汽阀也可以提高低负荷运行时的主蒸汽压力，如图 3-18（c）所示情形。这些技术的综合节能效益可达 1g/kWh 以上。

3.8.3　通流叶片选型优化

为提高宽负荷运行特性，应围绕汽轮机叶片叶型进行优化，提高通流效率的通流效率宽负荷特性。现代汽轮机设计技术发展较快，目前国内主要汽轮机制造厂家均开发了新一代汽轮机叶片，新叶型相较原始叶型都有良好的攻角特性，在工况变化较大时，新叶型通流效率变化相对老叶型要小得多，二者对比如图 3-20 所示。但是，为了追求最

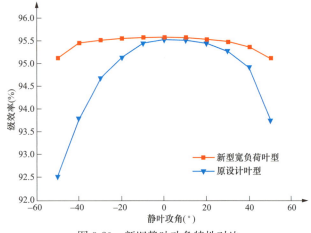

图 3-20　新旧静叶功角特性对比

大的节能效果，汽轮机设计中仍需要考虑将平均负荷工况设置在图 3-20 曲线中的最高点附近，这样就可以最大限度地兼顾 50％～100％ 负荷范围的节能，获得最低的平均能耗。

3.9　汽轮机冷端设计优化

3.9.1　额定背压的优化

设置额定背压的目的，在于用它代替实际年平均背压，为汽轮机设计、机组投产后的性能试验与能耗评价提供依据。在火电机组设计中，额定背压计算有标准流程。以湿冷机组为例：在冷端设备参数确定以后，根据当地的年平均气象条件（循环供水系统）或年平均循环水温（直流供水系统），计算机组额定负荷、循环水泵全开并高速运行工况下的背压，此外，考虑到凝汽器、冷却塔等设备的性能老化，凝汽器一定的堵管率等实际因素。

但是在冬夏季气温变化较大时，采用该计算方法确定的额定背压值将偏离机组实际年平均背压，汽轮机设计基准与运行工况产生较大偏差。如机组负荷不变，循环水调度方式不变，额定背压的偏差将如图 3-21 所示。额定背压计算结果为点 B，对应梯形面积 $ACDE$。但实际上，循环水温与背压之间并非线性关系，实际的年平均背压对应面积 $A'C'DE$，显然更大。额定背压计算流程中没有相应的修正，因此计算得到的额定背压，一般低于实际年平均背压。

显然，在同一地区，对于不同的冷却方式，冬、夏季背压差距越大，额定背压计算结果偏低越多。因此，额定背压偏低程度的排序结果是：直冷机组＞间冷机组＞循环供水机组＞直流供水机组。

额定背压偏低，则各工况排汽容积流量计算结果偏大，可能影响汽轮机低压缸选配，这是国内大型汽轮机宽负荷节能设计中的常见问题。为此，需要根据统计数据，逐季或逐月对背压值进行核算，通过核算出的加权平均值对额定背压做出相应的修正。

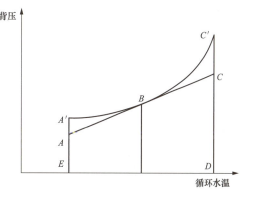

图 3-21　额定背压的偏差

雷州电厂项目经冷端优化计算，主机设计背压由 5.2kPa 下降至 4.99kPa。

3.9.2　低压排汽面积优化

对于国内的大型汽轮机，尤其是 600MW 以上级别机组，冷端的节能设计是薄弱环节。国内大量的超（超）临界 600MW 或 1000MW 汽轮机，额定背压选择 4.9kPa 或更高，却配置了 1000mm 级别或 1200mm 末级叶片，这是典型的基荷机组设计，投产后却普遍按照腰荷运行，因此造成大量隐蔽的损失，如图 3-19（c）中的虚线所示。一些早期的亚临界 600MW 汽轮机，尽管背压为 4.9kPa 左右，在进行现代化改造时，还是将原有的 852mm 或 869mm 末级叶片改为 1000mm 叶片，这显然是针对 THA 工况优化的，同样造成了不必要的损失。

对于实际运行平均负荷率超过 70% 的机组，汽轮机额定背压一般都低于实际平均背压，空冷机型与采用闭式循环水系统的湿冷汽轮机，问题尤为突出，这造成汽轮机排汽面积选择严重偏大，损失也相应增加。对于循环供水系统，目前很多机组大量采用中水水源，冷却塔和凝汽器的性能容易受到影响，额定背压应留有更大的余量。

国内还有个别 600MW 级别机组，在循环水温很低、水量充沛的条件下，额定背压较高，而且汽轮机采用 2 排汽、1220mm 叶片设计，排汽面积太小，实际是按尖峰负荷配置，损失很大。这种条件下，采用 4 排汽设计，以背压 4kPa 搭配 1000mm 叶片，甚至背压 3.3kPa 搭配 1220mm 叶片，都是性能优异的腰荷机组配置，节能效益巨大。

低压缸排汽面积一旦选择不好，机组投运后不易通过技术改造加以解决，因为更换低压转子和内缸投入很大。如果是排汽数量选择错误，问题就更加难以解决。因此，要解决冷端的宽负荷节能设计问题，需要首先确定：

（1）机组投产后预期的平均负荷率。

（2）汽轮机实际年平均背压，这是排汽面积设置的重要依据。一般说来，这比额定背压要高一些。因此，额定背压需要在计算结果基础上，根据大量的现场经验和预期的平均负荷进行必要的修正。

（3）对于汽轮机的改造，如果确定循环水泵、冷却塔、凝汽器等设备同时进行改造，则应考虑使背压与汽轮机排汽面积之间达到更合理的匹配。

（4）对于供热机组，预期的平均供热蒸汽量数据是节能设计的重要依据，会直接影响平均排汽容积流量的估算结果，需要确保真实可靠。

在机组进行汽轮机改造时，需要做到以下两点：

（1）确定现有低压缸工作状态，如果效率较低，且无法通过检修解决问题，则需要改造低压缸。

（2）确定排汽面积配置是否合理。如果原排汽面积不合理，则需要在改造时利用这一极为难得的完善机会，根据预期的平均负荷进行优化配置。

我国的电网周波频率为 50Hz，相对于 60Hz 的环境，可以采用更长的末级叶片。因此，需要充分利用环境条件，合理降低背压。同时，针对平均排汽容积流量进行冷端参数配置，包括优选汽轮机排汽面积，这样才能达到宽负荷节能的目的，节能效果往往可达 2g/kWh 以上。机组排汽损失曲线如图 3-22 所示，在给定平均工况排汽容量的条件下选配排汽面积，应使该工况排汽损失达到或接近最低。如果让额定负荷工况排汽损失接近最低，就形成基荷机组设计；如果让 50% 负荷工况排汽损失接近最低，则形成尖峰负荷机组设计，这两种设计都不符合目前国内火电机组普遍带腰荷的现状，一般不应采用。

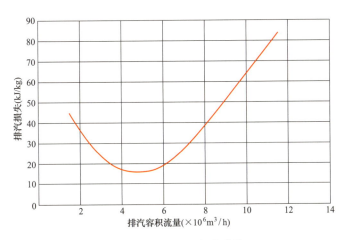

图 3-22　机组排汽损失曲线

汽轮机冷端的节能设计，依赖设计院、汽轮机厂家以及电厂、电科院等多方的协作。首先需要针对当地的气象条件，以及循环水系统形式（开式或闭式系统），确定可能达到的背压范围，而不能人为缩小参数优化范围。其次，厂家的排汽面积设置如果增加一档，则排汽面积增加 20%～25%，对于新机组设计与现役机组改造，排汽面积经常需要在 2 档配置中优选。

对于双背压汽轮机，国内一般采用 2 座低压缸进汽流量、末级叶片和排汽面积均相同的配置方案。由于排汽流量相同而背压差异明显，因而排汽容积流量与排汽损失不同，这样，这 2 座低压缸不可能在平均负荷工况下同时达到排汽损失最低。因此，该配置方案优化不够充分，有改进空间。

3.9.2.1　热耗-负荷特性

更长的末级叶片是汽轮机厂家的重要技术标志之一，是开发大型汽轮机必要的技术支撑手段。但具体到每一台汽轮机，就不是越长越好，排汽面积不是越大越好。一般排汽面积较大，设计余速损失小，则 THA 工况热耗可能较好，但负荷降低或背压升高时，热耗增加较快，因此，如果背压条件不好，或者机组调峰负担较重，平均负荷率较低，则应选择略偏小的排汽面积。

投产后排汽面积不可调整，无法同时兼顾不同的排汽容积流量。因此，为了尽可能降低机组投产后的实际能耗，需要有恰当的，即有代表性的平均工况，可以称之为目标工况，针对该工况进行优化设计。该工况的排汽容积流量就是优选排汽面积的技术依据。可以认为，排汽比容和背压大致成反比关系，受背压变化影响较大。湿度的差异对排汽比容影响很小。

为优选排汽面积，目标工况有 2 个关键参数需要首先确定：平均负荷、平均背压，依据这两个参数，可以确定排汽容积流量，进而优选排汽数和末级叶片。

对于确定的气象条件（闭式循环水系统）或循环水条件（开式循环水系统），如果增加冷端设备投资，形成更低的背压，相应地，增加汽轮机排汽面积，就可以获得更低

49

的能耗。因此，汽轮机低压缸和冷端系统的优化设计，可以归结为 2 个方面：冷端设备容量和汽轮机排汽面积需要优化匹配；在此前提下，排汽面积越大，则汽轮机能耗越低，但投入越大，具体采用多大的排汽面积和冷端设备容量，需要通过技术经济比较作出决定。

表 3-10 是上海汽轮机有限公司的一些设计数据，可以清晰地看到排汽面积（余速损失）的选择对热耗特性的影响。

表 3-10　　　　　　　　　　　　上海汽轮机公司的一些设计数据

厂　　家	上海汽轮机有限公司					
产品编号	196	195	C195	191	B191	H156
容量（MW）	1000	660	660	600	600	300
主蒸汽压力（MPa）	25.3	25	25	24.2	24.2	16.7
主蒸汽温度（℃）	600	600	600	566	566	538
背压（kPa）	5.2	6.3	6.3	5.2	5.88	4.9
排汽数	4	4	2	4	4	2
末级叶片长度（mm）	1146	914	1146	1050	905	905
单排汽面积（m²）	10.96	7.31	10.96	9.2	7.52	7.52
THA 热耗（kJ/kWh）	7327	7390	7415	7565	7585	7875
50%负荷热耗	7690	7795	7746	8073	7979	8335
50%负荷热耗/THA 热耗	1.050	1.055	1.045	1.067	1.052	1.058

表 3-10 中，最后一行的结果，主要由设计余速损失决定，另外，后文将指出，初压的差异也有较大的影响，同一机型在不同的额定背压下，结果也略有不同。

低压缸排汽面积选择实际是选择余速损失。湿冷汽轮机的设计余速损失的范围是 25～42kJ/kg（6～10kCal/kg），对于基本负荷机组且背压条件好的条件，应选择较小的值；对于调峰机组，选择较大的值。一般情况下，33kJ/kg（8kCal/kg）左右是比较合理的数值，适合兼顾满负荷和调峰运行的腰荷机组。余速损失和排汽容积流量的关系如图 3-23 所示。

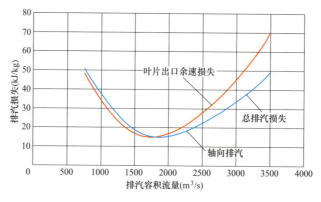

图 3-23　余速损失和排汽容积流量的关系

研究表明汽轮机在设计时，应在 THA 工况下，让排汽沿着轴向流动，排汽容积流量接近 $2500m^3/s$，这样在平均工况下排汽容积流量为 $1800m^3/s$ 左右，即 $75\%\sim80\%$ 负荷下，排汽损失最低，这样才能达到机组平均运行能耗最低的目的。

国内三大动力厂都拥有全球最大、最全的钢制末级叶片系列，北重、全四维（南汽）也拥有 1000mm 级别的末级叶片。汽轮机厂家有能力通过冷端优化的方法选择最优的排汽数和末级叶片，优选排汽面积。

3.9.2.2 热耗-背压特性

排汽面积的配置，对汽轮机的热耗-背压特性也有很大影响，如图 3-24 所示。图中为 2 台哈尔滨汽轮机厂的亚临界 300MW（搭配 900mm 末级叶片）和超临界 600MW（搭配 1029mm 末级叶片）机型的热耗-背压修正曲线，额定背压均为 4.9kPa。可以看到，设计余速损失较小的机型，背压变化对热耗的影响更大。两种设计的差异是，设计余速损失较小的汽轮机：

（1）热耗-背压修正曲线更陡。

（2）膨胀极限背压更低。满负荷条件下，引进型 300MW 汽轮机的膨胀极限背压大约为 4kPa，而引进型超临界 600MW 汽轮机（1029mm 级别末级叶片）的膨胀极限大致在 2kPa 左右，差异很大。

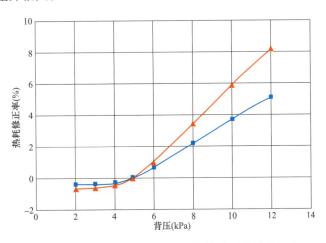

图 3-24　不同的设计余速损失对热耗-背压特性的影响

显然，这一差异会直接影响汽轮机循环水系统的优化调度。

设计余速损失较小的汽轮机，在排汽容积流量变化时，热耗变化较大，而对于固定的汽轮机，排汽容积流量的变化主要由负荷或背压变化造成，其他因素可以忽略。

3.10　循环水系统节能优化

雷州电厂项目运用循环水系统运行最优化的理论和计算，确定了各种泵型配置方案下逐月的最优运行方式，并综合循环泵房内设备和土建初投资、循泵运行费用、微增功率费用的经济对比显示，循环水系统采用一机三泵扩大单元制的立式斜流泵方案，经济性较优，而且系统简单，调节方便，运行经验丰富。

3.10.1 循环水冷却水系统

1. 供水方式

电厂规划装机容量为 $6 \times 1000MW$ 级机组，机组冷却水为海水，采用直流供水系统，一台机组配三台循环水泵。根据厂址的自然条件，并结合电厂总平面布置，机组冷却水从电厂东南端码头引堤侧取水，通过取水箱涵深取低温海水，明渠输水引至循环水泵房，经循环水泵升压后向机组供水。循环水温排水也利用明渠引向电厂西北角排放，其中取水口及引水明渠按 $6 \times 1000MW$ 级机组设计。

2. 供水系统流程

循环冷却水拟采用单元制直流供水系统，供水系统流程为：

箱涵深取→引水明渠→引水箱涵→进水前池→循环水泵房→压力供水管→冷凝器/水-水热交换器→循环水排水管→虹吸井→排水明渠→北部湾海域。

3. 电厂循环冷却水量

根据优化计算，并结合最终汽轮机协议参数，设计工况为汽轮机 TMCR 工况，总凝汽量为 1713.8t/h，循环冷却倍率 67 倍。

4. 循环水泵配置

根据《循环水系统主要设备选型专题》，推荐本次机组按一机三泵配置，单泵流量、扬程为 $Q = 10.90m^3/s$，$H = 16.5m$，$N = 2400kW$。

3.10.2 循环水系统节能的必要性及节能措施

1. 循环水泵节能的必要性

发电厂冷端系统是由汽轮机低压缸的末级组、凝汽器、循环供水系统及空气抽出系统等组成。汽轮机的凝汽系统就是做功后的乏汽进入凝汽器汽室，然后通过循环水泵将大量的循环冷却水升压送入凝汽器水室，通过热交换使得汽轮机排汽冷凝成凝结水，并在汽轮机排汽口处建立和维持汽轮机末端的真空。循环水泵的经济工作线如图 3-25 所示。

图 3-25 中横坐标为冷却水流量 Q；纵坐标为凝汽器真空 P 和功率的增加 ΔW；W_i 表示汽轮发电机组发电增加功率；W_c 表示循环水泵消耗的功率。由图 3-25 可以看出 A 点是经济运行点，横坐标所对应的是冷却水的经济流量 Q 经济，此时所对应的凝汽器真空也就是最佳真空。

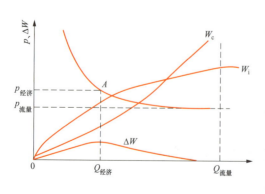

图 3-25 循环水泵的经济工作线

从图 3-25 可以得出以下结论：当循环水量超过一定限度后，循环水量增加带来的发电机组发电增加功率小于本身循环水泵增加的功率，循环水量并非越大越好。

2. 循环水系统节能措施

由于循环水进水温度的变化、季节性负荷需求和机组调峰的需要等方面的影响，为了保证机组一直处于最优化运行状态，就必须保持机组在各种工况下的循环水经济流量，从而得到凝汽器运行的最佳真空。因此如何调节循环水流量成为电厂循环水系统节能的关键措施。

（1）通过开泵台数调节。目前大多数电厂比较常用的调节方法是通过启停循环水泵的台数来达到改变循环冷却水量的目的，运行人员主要根据运行经验和环境温度等因素调整循环泵运行台数，虽然有一定的经济性，但其效果取决于电厂运行人员的操作水平和判断能力，随机性较强。

（2）循环水泵转速调节。大功率循环水泵改变转速的方法主要是通过变极调速和变频调速两种手段。近几年以来，变频调速发展很快，是通过改变供给电动机的供电频率，来改变电机的转速，从而改变负载的转速，具有效率高、调速范围宽、精度高、调速平稳、无级变速等优点。水泵的流量与转速的一次方成正比，压力与转速的平方成正比，功率与转速的三次方成正比，当通过降低转速以减少流量来达到节流目的时，所消耗的功率将降低很多。

（3）液力耦合器。液力耦合器是液力传动元件，是利用液体的动能来传递功率的一种动力式液压传动装置，它相当于离心泵和涡轮泵的组合。将其安装在异步电机和负载（风机、水泵等）之间来传递转矩，可以在电机恒速运转情况下，无级调节负载的转速。

高压变频调速技术是近年发展起来的，性能最好，效率最高；液力耦合器相对是一种转差损耗的低效调速设备。随着高压变频调速技术的日渐成熟及应用推广，液力耦合器也将逐步退出风机、泵类调速节能的市场。雷州电厂项目循环水系统节能从变级调速和变频调速进行经济分析，2×1000MW 机组循环水泵配置方案经济比较见表 3-11。

表 3-11　　2×1000MW 机组循环水泵配置方案

方案	泵型	调速方式	组合方式	流量调节方式组数
一	立式斜流泵	定速	一机三泵单元制	3
二	立式斜流泵	双速	一机三泵单元制	9
三	立式斜流泵	定速	一机三泵扩大单元制	5

从表 3-12 可以看出，采用循环水泵流量可调（双速）的方案二和一机三泵扩大单元制的方案三，两者初投资和运行费用基本相当，年费用差值在 10 万元以内，和流量不可调的方案一（定速）相比，节能效果较为明显，方案二和方案三均为节能效果较好的方案。结合同类项目的运行经验，雷州电厂项目采用方案三，即一机三泵扩大单元制方案。随着煤价的不断提高，成本电价不断提升，方案二和方案三节能优势更加明显，

所增加的初始投资 1～2 年即可回收。

3.10.3　结论及建议

（1）循环水泵是电厂用电大户，考虑循环水泵的节能措施是非常有必要的。

（2）运用循环水系统运行最优化的理论和计算，确定了各种泵型配置方案下逐月的最优运行方式，并综合循环泵房内设备和土建初始投资、循泵运行费用、微增功率费用的经济对比显示，循环水系统采用一机三泵扩大单元制的立式斜流泵方案，经济性较优，而且系统简单，调节方便，运行经验丰富。因此，雷州电厂项目 2×1000MW 推荐每台机组配置 3 台 33.3％容量的立式双速斜流泵，系统采用扩大单元制。

（3）现阶段循环水泵不推荐采用变频方案，建议电厂在项目投产后根据年运行工况的变化来判断是否有必要进行循环水泵的变频改造。

（4）建议下阶段根据电厂实际负荷情况，按不同环境温度、不同负荷计算循环水泵最优运行工况图，运行人员可由此实时调节最经济的循环水泵运行方式，可大幅度地降低电厂用电，提高电厂经济效益。

3.11　循环水引水明渠优化

3.11.1　现有技术概况

火电厂的主要用水是主汽轮机凝汽器及辅机冷却用水，其用水量约占电厂全厂用水量的 90％以上。电厂的这项用水量很大，例如一台 1000MW 的常规火电机组的凝汽器及辅机冷却水量约 25～30m³/s。电厂若安装 4 台机组，从水源的取水量可达 100～120m³/s；要满足如此大量的取用水量，作为水源的地表水体必须有充足的水量可供取用，且水质和水温也必须满足用水要求。

直流供水系统是濒海电厂中普遍采用的凝汽器冷却方式。采用直流供水系统的电厂，当水源的水位变幅小，水位与厂区标高相差较少时，通常利用引水明渠把水引到厂区，在主厂房前每台机组的对应位置设置水泵站分别向每台机组供水。

引水明渠方案以其水力阻力小、初始投资省、运行费用低的优势，在濒海电厂中得到了非常广泛的应用。该类引水明渠通常采用浆砌块石或干砌块石结构，边坡系数 m 采用 1.0～1.5，底坡取一定坡度或者采用平坡。

其供水流程一般为：取水口（箱涵）→引水明渠→进水整流箱涵→进水前池→循环水泵房→循环水压力母管→凝汽器→虹吸井→循环水排水沟道→排水明渠及排水口。为取到海域深层的低温冷却水，取水形式通常采用箱涵潜孔深取的方式，因此引水明渠需要延伸到海域较远的位置，根据工程经验引水明渠的长度通常为 1000～2000m。由于华南地区处于亚热带地区，夏季平均气温较高，而取水箱涵取到的底层水水温较低，太阳辐射将对明渠输送水体的温升造成一定的影响，从而影响电厂冷却水水温，最终影响到发电机组的效率。

结合广东省内某已投产百万火电机组实测资料的数据，对三维数值模拟软件中的热交换模型参数进行了修正后，针对华南沿海各工程全年逐月的循环水温升进行了计算，得出低温水经过太阳辐射后，引水明渠末端循环水泵进口的各月水温温升值为0.10～0.50℃。

冷却水在引水明渠中经太阳辐射后引起的水温升高，将直接影响到发电机组的设计功率，以4台1000MW超超临界的火力发电机组配套的引水明渠为例，该温升将会导致汽轮发电机组的运行背压增加0.03～0.13kPa（根据各月份气温不同有所变化），从而发电机组的出力将会减少0.02%～0.08%，即实际年发电功率减少440万～3520万kWh，若按上网电价0.62元/kWh的单价考虑，采用引水明渠方案若考虑冷却水输送过程中太阳辐射引起的水温升高，每年将会损失经济效益283万～2182万元。

3.11.2 优化设计方案

本方案提出在火电厂长距离引水明渠中应用的一种导流隔热板，用于降低太阳辐射对引水明渠中水温升高的影响。为深入研究太阳辐射对明渠水体温升的影响，采用三维水动力学模拟软件对明渠的温升场进行了三维数值模拟，计算发现明渠在日照影响下，水体温度呈现明显的分层现象，表面温度较高而底层温度较低。

为了减少由于流动混掺造成给底层流动水温升形成的不利影响，采用大型三维计算流体力学软件ANSYSFluent计算了多种导流措施情况下的明渠流态，在流态均匀、流线顺直的水力学条件下，引水箱涵取到的低温水与高温水进行混掺的能力将降低从而提高循环水冷却效果。整个计算系统包括：引水箱涵→过渡段明渠→主引水明渠→整流箱涵→进水前池。在水力系统的前部，需要采用相关的导流措施来保证流动的均匀性。

经过大量的优化计算提出了引水明渠设置导流隔热板的工艺优化方案及相关参数设置。导流隔热板方案由设置在明渠入口（引水箱涵变坡段后）的折板型导流板和设置在循环水泵房进水整流箱涵上缘的平板型导流板组合而成。

1. 明渠入口的折板型导流板

为了提高主体明渠的流速均匀度，经过多次计算流体力学优化，在主体明渠入口处提出了如下折板形式的导流板，如图3-26所示。引水箱涵-明渠入口处折板型导流板工艺图如图3-27所示。

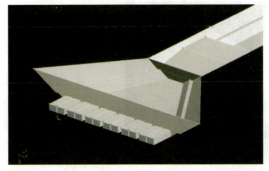

图3-26　引水箱涵-明渠入口处折板型导流板模型图

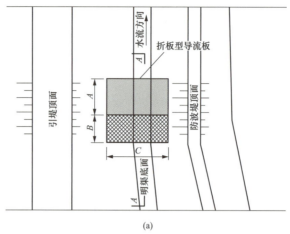

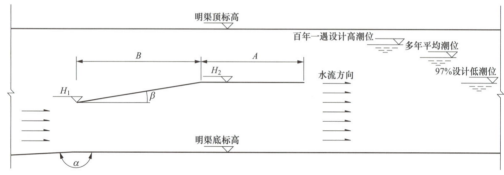

(b)

图 3-27　引水箱涵-明渠入口处折板型导流板工艺图

(a) 平面布置图；(b) A—A 剖面图

图 3-27 中 A、B、C、α、β、H_1、H_2 为导流隔热板的主要工艺参数。该处折板型导流板关键参数选取依据为

$$H_2 \leqslant 97\% 设计低潮位（明渠内）$$

$$折板倾斜角 \beta \geqslant (180-\alpha) + Arctan(i) \tag{3-13}$$

式中　i——引水明渠水力坡降，h/m；

A——明渠底坡转折角，（°）。

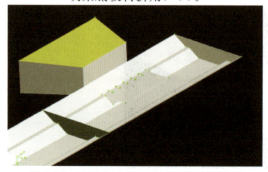

图 3-28　明渠出口-进水整流箱涵处模型图

导流板工艺尺寸 A、B、C 根据三维优化计算确定。导流板的结构厚度由受力计算确定。

2. 整流箱涵上缘的平板型导流板

为了保证循环水泵房进水整流箱涵能取到底层水，还需要在箱涵上缘增加一块平板型导流板。明渠出口-进水整流箱涵处模型图如图 3-28 所示。整流箱涵上缘平板型导流板工艺图如图 3-29 所示。

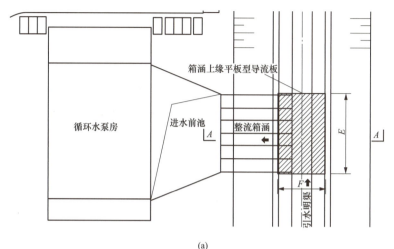

(a)

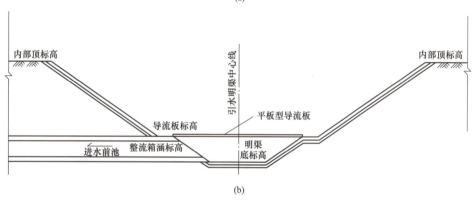

(b)

图 3-29　整流箱涵上缘平板型导流板工艺图

（a）平面布置图；（b）A—A 剖面图

该处平板型导流板关键参数选取要点为

沿流向长度 $E \geqslant$ 整流箱涵总宽度＋2.0m

导流板顶面标高 $H \geqslant$ 整流箱涵内顶标高＋1.0m

垂直流向宽度 F 根据引水明渠断面特性确定。

3.11.3　优化效果分析

优化方案对电厂引水明渠的温升和流态进行计算和分析的基础上，提出了导流隔热板方案（明渠入口折板型导流板＋整流箱涵前平板型导流板），经深入的三维流体计算软件数值模拟，可以发现在明渠入口设置折板型导流板后，明渠表层和底层流态分层明显，表层输水流速小，底层水流速大，形成"潜流"流态；在明渠出口箱涵上缘采用加平板型导流板的方式，防止箱涵入口取到表层高温水。

经优化后主体明渠进口及明渠末端至取水前池的流速分布图如图 3-30、图 3-31 所示。

图 3-30　主体明渠进口处加导流板流态

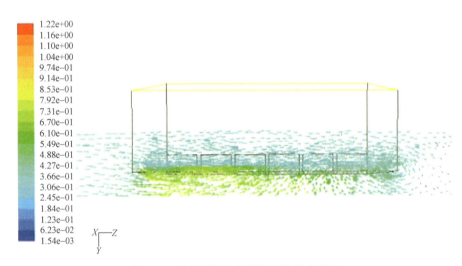

图 3-31　主体明渠末端箱涵至前池内流态

通过数值模拟可以看出，在不设置导流隔热板时明渠上下表面水体掺混强烈，通过不断调整导流隔热板的外形和导流板在明渠中的深度，最终在设置导流隔热板后，明渠表层和底层流态分层明显，表层输水流速小，底层水流速大，形成"潜流"流态。明渠形成潜流后，80％来自底层低温水以潜流形式输送，仅 20％的底层低温水以表层输送。

采用优化方案提出的导流隔热板方案，可有效降低引水明渠输送过程中太阳辐射对水体带来的温升影响，计算显示最终电厂冷却水取水温度降低了 0.08～0.30℃（逐月不等），从而降低汽轮发电机组的运行背压，增加了发电机组的年发电功率。以 4 台 1000MW 超超临界的火力发电机组配套的引水明渠为例，导流隔热板的初始投资约为 200 万元，而每年带来的经济效益约为 600 万元，经济效益非常显著。

3.12 低温省煤器复合烟气余热利用

3.12.1 低温省煤器简介

电站排烟余热有两种回收方式：一种是通过能量转换设备，转化为其他形式的能源回收；另一种通过能量转化，仍以热能形式回收至热力系统。采用何种余热回收方式，取决于回收的热量、回收的效率和项目需要。

目前国内外烟气余热回收装置种类繁多，其中低温省煤器是将锅炉排烟余热回收至热力系统的最有效和安全可靠的一种方案。低温省煤器与常规省煤器不同之处在于，其采用的与烟气换热的介质为凝结水。图 3-32 是低温省煤器的系统连接示意，通常从某个低压加热器引出部分或全部冷凝水，送往低温省煤器。

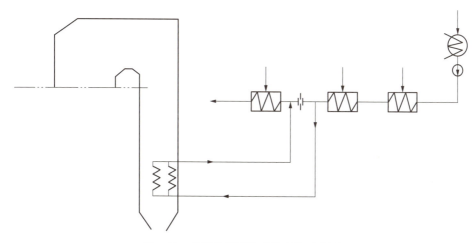

图 3-32　低温省煤器的系统连接示意图

3.12.2 雷州电厂项目余热加热冷风方案

采用余热加热冷风方案，第一级低温省煤器布置在除尘器入口，第二级低温省煤器布置在脱硫塔入口，暖风器布置在送风机出口冷风道上。

1. 凝结水接入系统的选择

在回收烟气的能量一定的情况下，同时要保证低温省煤器烟气侧和水侧都有合理的换热端差，需要合适的凝结水取水接出点和回水接入点。

2. 取水接出点位置选择

对于取水接出点，由于机组不同负荷时，锅炉排烟温度和汽轮机各处凝结水温度会发生变化，根据汽轮机的热平衡，选择从 9 号低压加热器出口（见图 3-33）取水。

3. 回水接入点位置选择

对于回水接入点，根据低温省煤器与前一级低压加热器的位置关系，有并联或串联方案可以选择，其中回水接入前一级低压加热器入口为串联，回水接入前一级低压加热器出口为并联。无论是串联还是并联，必须保证低温省煤器回水温度不能低于接入点处的凝结水温，否则将增加前一级低压加热器的抽汽量，损失高品质的抽汽，降低机组效率。

3.12.3　串联和并联方案选择分析

低温省煤器方案系统如图 3-33 所示。假定低温省煤器回水温度大于或者等于前一级低压加热器（8 号）出口水温（THA 工况 102.9℃），无论回水接入到前一级低压加热器（8 号）出口（并联）还是入口（串联，如图 3-34 中虚线所示），最终烟气总能量在前、后两级低压加热器（8、9 号）中的分配比例是相同的，即两个方案中两级低压加热器（8、9 号）减少的抽汽量相同，机组收益相同，但并联方案中经过前一级低压加热器（8 号）的凝结水量较小，凝结水泵电耗较小，因此选择采用并联方案。

若采用串联方案，且回水温度选择低于前一级低压加热器（8 号）出口水温（THA 工况 102.9℃），假定 THA 工况取 100℃（必须不小于 8 号低压加热器进水温度81.7℃），由于经过低温省煤器的凝结水温升减少，混合水量相应增加，从后一级低压加热器（9 号）进、出口接出点的取水量同时增加，同时流经 9 号低压加热器的凝结水量减少，9 号低压加热器抽汽量减少，相应地 8 号低压加热器抽汽量增加，相当于低温省煤器排挤 8 号低压加热器抽汽减少，机组效益比前面论述的回水温度 102.9℃的方案要降低。

由以上分析可以看出，在有可能的前提下，回水接入点位置应优先选择前一级低压加热器（8 号）的出口，并考虑与烟气侧需要有一定的换热端差，因此本项目选择回水温度等于 8 号低压加热器出口水温（THA 工况 102.9℃）。对于回水接入点的选择思路与方案一中的一级低温省煤器相同，回水接入点位置应选择前一级低压加热器（8 号）的出口，并考虑与烟气侧需要有一定的换热端差，因此本项目选择回水温度高于 8 号低压加热器出口水温（THA 工况 125℃）。

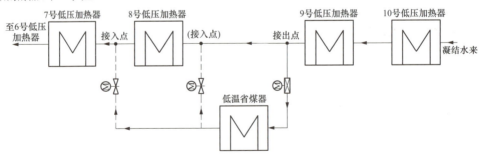

图 3-33　低温省煤器方案系统图

3.12.4　低温省煤器复合烟气余热利用的安装位置

除尘器入口设置第一级低温省煤器，回收的能量用于加热凝结水，最终进入汽轮机回收系统；脱硫塔入口设置第二级低温省煤器，用于加热媒介水，升温后的媒介水通过暖风器加热锅炉冷风（从 23℃上升到 55℃）。由于空气预热器的换热端差限制，冷风带入的多余能量并不会全部进入锅炉，而是大部分会通过烟气排出，引起锅炉排烟温度升高（从 123℃上升到 140℃），提高的烟气温度对应的能量在除尘器入口第一级低温省煤器用于加热凝结水，最终都进入汽轮机回收系统。该方案实际上就是通过暖风器和空气预热器的能量传递，把脱硫塔入口第二级低温省煤器的烟气能量大部分转换被除尘器入口第一级低温省煤器中吸收，虽然在传递过程中有小部分能量损失，但该方案有两个主要优点：首先，由于原脱硫塔入口第二级低温省煤器处烟气温度较低，回收的能量只能用于加热更后级的低压加热器，能量利用率较低，采用该方案后，锅炉排烟可以从 123℃上升到 140℃，这部分温度区间的能量可以用于加热更前级的低压加热器，节省抽汽，能量利用率较高（详细的计算成果见后文论述）；其次，冷风温度的提高有利于缓解空气预热器冷端的堵灰，减少运行时空气预热器运行阻力，降低引风机电耗。

3.12.5 关键技术问题研究

3.12.5.1 烟气酸露点计算

在低温省煤器的实际应用中，换热器出口烟气温度过低会使换热器的低温受热面壁温低于酸露点，引起受热面金属的严重腐蚀，危及锅炉运行安全。因此回收烟气热量，首先考虑的应是低温省煤器的低温腐蚀问题。其中对于烟气酸露点的确定，是判断换热器是否发生低温腐蚀的重要依据。

对于烟气露点的计算，不同文献提供了不同的计算方法，本专题根据《火力发电厂燃烧系统设计计算技术规程》（DL/T 5240—2010）提供的公式进行计算，计算公式为：

$$tld = tld_0 + \beta(K_s \times S_{zs})1/3/1.05\alpha_{fh} \times A_{zs} \tag{3-14}$$

式中　tld_0——烟气中水蒸气露点，℃；

β——经验系数（当 $\alpha=1.2$ 时，取 $\beta=121$，当 $\alpha=1.4\sim1.5$ 时，取 $\beta=129$，一般工程取 125）；

K_s——SO_2 排放系数；

S_{zs}——燃料的折算硫份，%；

α_{fh}——飞灰份额（对于煤粉炉，$\alpha_{fh}=0.9$，对于循环流化床，$\alpha_{fh}=0.5$）；

A_{zs}——燃料的折算灰分，%。

将本工程设计煤种的数据代入以上公式中，得出不同位置烟气的酸露点温度数值见表 3-12。

表 3-12　　　　　　　　设计煤种烟气水露点和酸露点温度

序号	项目名称	单位	BMCR	THA	75%THA	50%THA	30%BMCR	备注
一	水露点温度							
1	除尘器入口	℃	48.3	48.3	47.5	47.4	44.7	
2	脱硫塔入口	℃	47.7	47.7	46.9	44.9	44.2	

序号	项目名称	单位	BMCR	THA	75%THA	50%THA	30%BMCR	备注
二	酸露点温度							
1	除尘器入口	℃	106.1	106.1	105.3	105.3	102.5	
2	脱硫塔入口	℃	114.6	115.4	114.7	112.6	112.0	

以上烟气酸露点的计算公式都是以煤的元素分析和工业分析为基础，只能对出现酸凝结的温度区域做出预测。各个国家或公司标准采用的烟气酸露点计算公式有所不同，得出的结果有一定差异。事实上，烟气露点温度是由烟气中的 H_2O 和 SO_3 的含量决定的，但影响 SO_3 生成的因素有很多，主要有燃料成分、燃烧方式、过量空气系数等。所以很难从理论上直接精确地推导出烟气露点温度的计算式，一般皆由试验取得或通过实验加上理论推导等方法确定。建议机组运行后对锅炉排烟进行取样检测，以获得与实际运行相符的、较准确的烟气露点温度，作为指导调整低温省煤器运行数据的依据。

需要说明的是，公式中计算烟气酸露点时考虑烟气中折算灰分的影响，其他条件不变时，折算灰分越低，酸露点越高，由于除尘器入口与脱硫塔入口烟尘浓度不同，脱硫塔入口酸露点相对更高，即低温腐蚀相对更为严重，需要选用耐腐蚀性更好的材质。

对于脱硫塔入口烟气，虽然按照理论公式计算出来的酸露点温度更高，烟气温度已经接近酸露点温度，但实际上由于除尘器入口已设置有第一级低温省煤器时，烟气中大部分 SO_3 在第一级低温省煤器中出现凝结并被较高浓度的烟尘进行包裹后，被除尘器收集后通过灰斗排出，脱硫塔入口的烟气中 SO_3 浓度较之前公式计算中的数值大大降低，因此其酸露点实际上比理论计算值要低，但目前尚未有较准确的公式进行计算，结合部分工程实测值，可以认为与除尘器入口的烟气酸露点基本一致。

3.12.5.2 低温省煤器金属安全壁温 t_a 的确定

为控制低温省煤器受热面的低温酸性腐蚀速率，保证机组的安全可靠运行，必须确定低温省煤器金属安全壁温 t_a。根据受热面低温腐蚀随金属壁温的变化规律（见图3-34），当受热面壁温接近酸露点（E 点）时，腐蚀速度随着壁温的降低而增加，在露点温度下 $20\sim45$℃（D 点）出现最大露点腐蚀速度；壁温继续降低时，腐蚀速度也下降，在水露点与酸露点之间某个值（B 点）达到最低；壁温若再降低，特别是在低于水露点（A 点）时，腐蚀速度急剧增加。

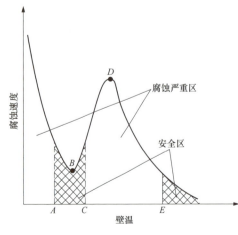

图 3-34　低温腐蚀速度随壁温变化示意图

低温省煤器壁温一般不会低于水露点温度，即不选在图 3-34 中的 $A\sim C$ 区域，而优先选在酸露点 E 点附近。经与低温省煤器制造厂交流，并结合目前已经投运的部分电厂的设计和运行情况，设计时金属安全壁温可以略低于酸露点温度，低温省煤器受热面选型考虑采用有限腐蚀的方案，即控制受热面腐蚀速度在一定的速度内，充分考虑腐蚀裕量，设备实际运行后根据运行情况定期对受热面进行检查和更换。

3.12.6 运行经济性

3.12.6.1 凝结水侧吸收的热量计算

根据前面论述的低温省煤器出口烟气温度和进出口水温的选择，计算低温省煤器传递给凝结水侧吸收的热量计算见表 3-13。

表 3-13 　　　　　　　　　　　凝结水侧吸收的热量计算表

序号	项　目	符号	单位	THA	75%THA	50%THA
1	实际湿烟气量	Gy	kg/kg	10.068	10.809	11.979
2	低温省煤器烟气入口温度	ty1	℃	151.16	153.58	134.7
3	低温省煤器烟气出口温度	ty2	℃	107.01	105.59	105.47
4	低温省煤器烟气侧温降	Δty	℃	44.15	47.99	29.23
5	烟气放出的热量	Qy	MJ/h	175569.10	155650.8	71252.51
6	低温省煤器效率	ηh	%	98	98	98
7	凝结水侧吸收的热量	Qs	MJ/h	172057.71	152537.7	69827.45
8	吸收塔入口烟温		℃	97.61	92.01	82.88	83.25
9	空气预热器出口综合冷端温度		℃	223.81	226.39	206.52	210.86

3.12.6.2 汽轮机热耗计算

汽轮机热耗变化计算见表 3-14。

表 3-14 　　　　　　　　　　　汽轮机热耗变化计算表

序号	项　目	符号	单位	THA	75%THA	50%THA
1	凝结水入口水温	ts1	℃	83.99	79.59	69.9
2	凝结水出口水温	ts2	℃	131.06	133.74	122.91
3	凝结水温升	Δt	℃	47.07	54.15	53.01
4	凝结水出口熔值	hs2	kJ/kg	495.9	449.8	395.8
5	烟气可以加热的凝结水量	ms	t/h	843.7	770.9	509
6	7号加热器减少的吸热量	ΔQ7	MJ/h	8849410	5008915	1840910
7	7号加热器减少的抽汽量	Δmc7	t/h	33.35810	18.58810	6.33210
8	8号加热器减少的吸热量	ΔQ8	MJ/h	68683	43013	18293
9	8号加热器减少的抽汽量	Δmc8	t/h	28.01910	17.37710	7.23510
10	增加的汽轮机出力（折算到发电机端）	ΔP	kW	8566	5646	2159
11	增设低温省煤器后的汽轮机热耗	H′	kJ/kWh	7028	7142	7431
12	低温省煤器的热耗差额	ΔH	kJ/kWh	60.2	53.77	32.09

3.13　二次再热锅炉启动系统优化

3.13.1 锅炉启动系统

设置启动系统的主要目的就是在锅炉启动、低负荷运行及停炉过程中，通过启动系统建立并维持炉膛内的最小流量，以保护炉膛水冷壁，同时满足机组启动及低负荷运行的要求。因此直流锅炉必须设置启动系统。

直流锅炉的启动系统形式及容量的确定根据锅炉最低直流负荷、机组运行方式、启动工况及最大工况时水冷壁质量流速的合理选取，以及工质的合理利用等因素确定。

在超临界直流锅炉中，为了满足锅炉水冲洗、启动及低负荷以再循环方式运行，设有内置式分离器启动系统。国内超临界锅炉目前主要采用两种启动系统，一种是大气扩容式启动系统，另一种是带再循环泵的启动系统。

3.13.2 大气扩容式启动系统

大气扩容式启动系统，也称不带炉水循环泵式启动系统。对大气扩容器式而言，在机组启动过程中，当疏水水质不合格时，启动分离器中的疏水经大气式扩容器扩容，二次汽排入大气，二次水经集水箱排至系统外的水处理装置（机组排水槽），水质合格时，通过疏水泵排至凝汽器，实现工质的回收。大气扩容式启动系统的典型系统如图 3-35 所示。

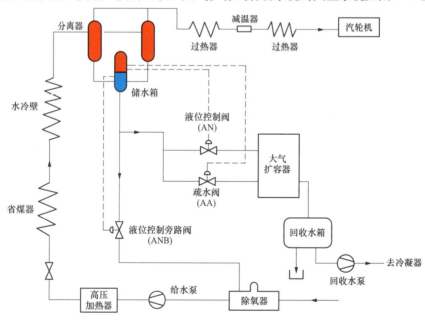

图 3-35 大气扩容式启动系统

对于扩容式启动系统而言，在分离器切除之前，大部分的疏水经大气式扩容器扩容后仅回收部分工质，热量全部浪费掉了。

在扩容式启动系统中，启动疏水只能通过大气式扩容器扩容后，排入疏水箱，从而通过疏水泵排入凝汽器。这种启动方式只能实现部分工质的回收，而不能实现启动过程中热量的回收。若简单地取消炉水循环泵，不考虑启动过程中工质及热量的回收，与带炉水循环泵的启动系统相比，劣势很大。因此，本小节研究的重点为取消炉水循环泵后，如何合理地优化启动系统，仍能实现启动过程中工质及热量的回收。

通过分析炉水循环泵在启动系统中的作用可以发现，炉水循环泵的主要作用在于回收从汽水分离器分离出来的高温高压的饱和水，以达到节约用水、减少热量损失的目的。因此只要能够对汽水分离器分离出来疏水进行回收，同时能够尽量降低热量损失，便可以把启动系统中的炉水循环泵取消。

锅炉冷态冲洗阶段，锅炉未点火，给水从水冷壁出来后直接进入分离器水箱，因此冷态冲洗阶段，分离器的疏水参数即为锅炉给水参数。根据锅炉厂要求，冷态清洗时，给水流量要求为25%BMCR，温度为80℃左右。

锅炉点火后，锅炉经历热态冲洗、升负荷、直流运行阶段，此阶段炉水温度上升，分离器疏水的出口温度也将上升，随着分离器工质开始汽化，分离器出口的疏水流量逐步下降，此过程中疏水的参数及流量都是逐渐变化的。

超超临界发电机组汽水分离器在30%负荷时由湿态运行转为干态运行，此时启动系统停用，理论上此阶段为汽水分离器的疏水参数最高时刻，此时汽水分离器压力在9.0MPa左右，分离器水箱中疏水饱和温度为303℃左右。即在机组启动及低负荷期间，分离器出口疏水的最大参数为9.0MPa，303℃左右。在了解汽水分离器疏水参数后，控制好锅炉疏扩疏水温度以及省煤器最低流量、水冷壁温度，达到锅炉疏扩疏水外排、回收与凝汽器补水平衡，可以实现无炉水循环泵启、停。

3.13.3　带再循环泵的启动系统

带炉水循环泵的内置式启动系统，在机组启动初期疏水不合格时，同样通过水冲洗管路将疏水排入疏水扩容器，再通过疏水泵排入系统外的水处理装置（机组排水槽或循环水回水管）；在水质基本合格后，用炉水循环泵将疏水打入省煤器入口进行再循环。带再循环泵的启动系统如图3-36所示。

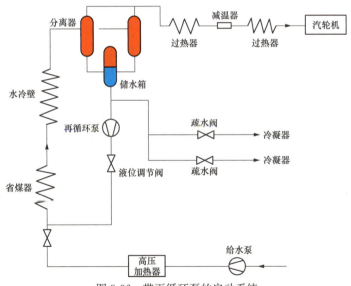

图3-36　带再循环泵的启动系统

对于带炉水循环泵式启动系统而言，在分离器切除之前，大部分的疏水经炉水循环泵打入省煤器入口给水，既回收了工质，又回收了热量。

带再循环泵的启动系统有以下 5 个优点：

（1）在启动过程中回收更多的工质和热量。

（2）能节约冲洗水量。采用再循环泵，可以采用较少的补水与再循环流量混合得到足够的冲洗水流量，获得较高的水速，以达到冲洗的目的。

（3）循环泵的压头可以保证启动期间水冷壁系统水动力的稳定性和较小的温度偏差。

（4）对于经常启停的机组，采用再循环泵可避免在热态或极热态启动时因进水温度较低而造成对水冷壁系统的热冲击，以致降低锅炉寿命。

（5）在启动过程中主蒸汽温度容易得到控制。在锅炉启动时，进入省煤器的给水有一部分是由温度较高的再循环流量组成，给水温度高，进入水冷壁的工质温度也相应提高，炉膛吸热量减少，炉膛的热输入也相应减少，此时虽然过热蒸汽流量很低，但由于炉膛的输入热量较少，故过热蒸汽温度容易得到控制，并与汽轮机入口要求相匹配。

雷州电厂项目采用哈尔滨锅炉厂生产的二次再热超超临界 π 型炉，配有容量为 25%BMCR 的启动系统，与锅炉水冷壁最低直流负荷的质量流量相匹配，带启动循环泵启动系统。

3.14 火检冷却风系统优化

3.14.1 优化目的

火检冷却风是锅炉运行中各火检探头冷却的唯一手段，火检冷却风系统常规设置为两台互为运行备用的火检冷却风机。在锅炉运行中当有一台火检冷却风机失备，运行冷却风机发生故障时，火检探头由于失去火检冷却风冷却造成烧损，会造成锅炉灭火保护动作，发生非计划停运。系统内兄弟电厂出现过由于火检冷却风机出现故障不能及时处理导致退火检安全保护在线处理火检冷却风机的情况，安全风险极大。为确保火检冷却风系统安全稳定运行，雷州电厂项目在常规配置的同时增加一路火检冷却风风源，即从一次风机出口引管接至火检冷却风母管。机组正常运行状态下由冷一次风提供，火检冷却风机作为机组启停及事故备用。

3.14.2 优化概述

根据运行规程要求，机组正常运行期间，保持火检冷却风母管压力高于 6.0kPa。而一次风机在 30%～100% 机组负荷下，出口风压达 8kPa 以上，满足火检冷却风系统风压要求；火焰检测器检测系统所需冷却风总风量为 1728m³/h，折合 0.48m³/s，占比一次风机出口风量极小，满足火检冷却风系统风量要求。火检冷却风机作为机组启停时，冷一次风无法提供稳定风压风量时投运，以及冷一次风供火检冷却风母管配套管路故障时造成母管系统压力低于 4kPa 时连锁投运。火检冷却风系统设置如图 3-37 所示。

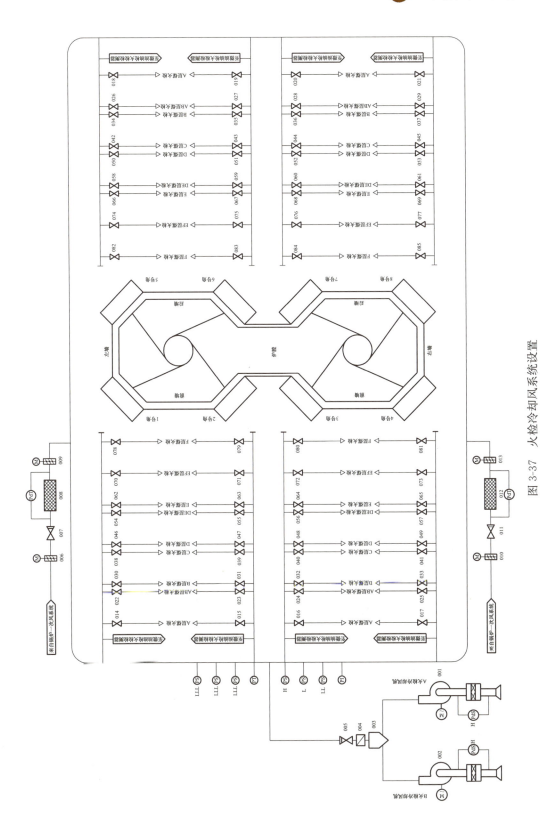

图 3-37 火检冷却风系统设置

3.14.3 优化结果

雷州电厂项目 1、2 号机组火检冷却风系统按优化后系统进行安装，火检冷却风系统自机组 168h 试运至当前运行，机组正常运行时均为冷一次风提供，运行稳定。火检冷却风机定期试运，保持备用状态。

4

二次再热机组分部试运与运行控制

4.1 汽轮机主要辅机单机试运及分系统试运

4.1.1 循环水系统

4.1.1.1 设备及系统概况

电厂循环冷却水取自海水，每台机组配置 3 台 33.33% 容量循环水泵，向主机凝汽器、小汽轮机凝汽器、循环水系统的水水换热器、主机真空泵冷却器、小汽轮机真空泵冷却器提供冷却水。

4.1.1.2 调试案例分析

机循环水泵 B 启动失败技术分析

1. 发生前工况

（1）1B 循环水泵启动前 1C 循环水泵正常运行，大机凝汽器循环水进水压力 0.08MPa。

（2）运行人员确认 1B 循环水泵测绝缘合格，开关在远方热备用状态，无报警信号发出；就地人员确认 1B 循环水泵出口液控蝶阀机械位置在关位，蝶阀控制柜正常送电，蝶阀在远控位，蝶阀油站正常；检查电机冷却水正常投入，具备启动条件。

（3）启动前 2 号制氯系统正常投入。

2. 事情经过

（1）22:10 运行人员收到启动 1B 循环水泵的指令，开始启动前检查。

（2）22:18 盘上启动 1B 循环水泵。出口蝶阀开至 26%，关反馈信号未消失，导致 1B 循环水泵跳闸，跳闸保护为"循环水泵运行 10s 与泵出口压力大于 0.2MPa 且出口液控蝶阀全关"。启泵后 1B 循环水泵出口压力由 0.04MPa 突增至 0.255MPa。由于泵跳闸后循环水压力突降，大机凝汽器循环水进水压力最低降至 0.03MPa。2 号制氯系统入口瞬时流量低于 27t/h，导致 2 号制氯跳闸。

（3）22:20 1B 循环水泵跳闸后运行人员就地检查出口蝶阀开度 22%，泵就地倒转。由于关反馈信号故障一直未消除，远方发关指令，蝶阀无动作。联系就地人员在蝶阀控制柜内发关指令，出口蝶阀仍未动作。

（4）22：30 盘上联系调试单位将 1B 循环水泵出口液控蝶阀关反馈信号强制，远方将出口蝶阀关闭成功，循环水泵倒转消失。

（5）22：52 检查 1A 循环水泵具备启动条件后，启动 1A 循环水泵，启动正常。

（6）23：09 重新启动 2 号制氯系统，启动正常。

3. 原因分析

（1）1B 循环水泵启动后，关反馈信号故障一直未消除，导致循环水泵跳闸。

（2）循环水泵启动后，蝶阀控制逻辑块发 600s 开指令脉冲信号，周期内若发生循环水泵跳闸将导致 DCS 无法关闭。

（3）液控蝶阀就地控制回路中引入蝶阀全关（全开）信号作为常闭接点，当全关（全开）反馈不消失，接点保持常开，导致就地控制蝶阀关闭（开启）回路不通。

4.1.2 闭式水系统

4.1.2.1 设备及系统概况

电厂每台机组配置 2 台 100％容量的闭式冷却水泵，变频采用 1 拖 2 的方式运行，变频器可在线进行工频/变频方式切换。系统设 2×100％容量的全钛水—水热交换器。

4.1.2.2 调试技术分析

事例一：1 号机组闭冷水母管压力不正常下降异常分析

1. 事例经过

闭式冷却水泵正常停运，缓冲水箱水位为 1.0～1.8m 时，泵出口母管静压力约 0.28MPa。2019 年 7 月 5 日停止闭式冷却水泵后，泵出口压力为 0.25MPa，缓冲水箱水位为 1.35m，比 7 月 4 日的压力 0.28MPa 下降 0.03MPa，而缓冲水箱水位仅降低约 0.08m。经检查，排除压力测点显示不正常、缓冲水箱水位计不准、水泵入口滤网堵塞等因素，后由于汽机房有探伤作业，暂停查找原因。

2019 年 7 月 6 日停止闭式冷却水泵后，检查发现泵出口压力降低至 0.22MPa，缓冲水箱水位为 1.31m。对闭式冷却水泵入口滤网、泵体排空进行检查，结果正常，核对机炉侧各闭冷水用户未发现异常。

2019 年 7 月 8 日，查询闭式水系统历史曲线记录，确认 7 月 7 日闭式冷却水泵运行时，变频器相同频率下泵出口压力明显下降，下降幅值与静压状态压力下降幅值基本一致，电流波动正常。判断系统存在窝空气现象，再次对滤网、泵体、水水热交换器、机侧母管排空进行检查，显示无异常。

2019 年 7 月 9 日，闭式水系统启动补水接至系统回水母管，利用该路水源对系统进行补水排空，同时加强闭冷水相关参数监视，闭式冷却水泵出口压力、水位变化如下：9：43 压力由 0.46MPa 开始上涨，9：46 涨至 0.57MPa 稳定，期间变频器保持 72％出力不变，电流 9.8A 也基本不变，同时缓冲水箱水位也一直是 1.20m 未变化；09：49 缓冲水箱水位开始上升至 1.90m 后停止补水。

2. 原因分析

在补水初期阶段，缓冲水箱水位未变，而闭式冷却水泵出口母管压力上涨，从

0.46~0.57MPa，过程约 3min。系统压力 0.57MPa 保持约 3min 后，缓冲水箱水位才开始由 1.20m 开始上升，综合上述现象判断为闭冷水回水管窝空气。

闭式水系统作为工业水，主要对全厂转机轴承、油、水、氢气等介质进行冷却。闭式水系统管道复杂、弯头较多，同时管道多为地下埋管，这就导致了系统中空气容易积存在地下埋管段。因为闭冷水回水母管压力较低，不一定能通过系统、用户排空管道将空气排出，只能通过接至闭冷水回水管上的启动补水，使得回水管压力上升，将窝在回水管的空气排挤到缓冲水箱排出。

事例二：1A 闭式冷却水泵变频器跳闸典型事件分析

1. 事件经过

2019 年 9 月 28 日 23：521A 闭式冷却水泵变频器跳闸，1A 闭式冷却水泵跳闸，3 号空压机跳闸。手动紧急停运 1C 循环水泵、电解制氯系统、海水提升泵、启动炉，检查 DCS 凝结水系统，画面报"变频器重故障"，就地检查 1A 闭式冷却水泵变频器报"瞬停失败"，1A 闭式冷却水泵 10kV 开关无故障报警，NCS 报警"50kV 母线 NCS 测控 2N Ⅰ 母保护 2 电压消失、500kV 母线 NCS 测控 2N Ⅱ 母保护 2 电压消失"，地调回复"港城站调港乙线跳闸"。00：20 检查后发现："1A 闭冷水泵变频器无故障，跳闸原因为变频器输入电压瞬间低于定值 85％U_{AB}，瞬停功能动作所致"。将变频器切至 1B 闭式冷却水泵，启动 1B 闭式冷却水泵运行正常、启动空压机运行正常、启动循环水系统正常。

2. 原因分析

由于 2019 年 9 月 28 日晚，调港乙线 B 相对吊车吊臂前端放电，造成雷州电厂 500kV 母线电压 U_{AB} 最低降至 362kV，10kV 启备变分支电压 U_{AB} 最低降至 6.79kV，影响时间两个波长，触发 1A 闭式冷却水泵变频器瞬停功能，报警及波形见图 4-2～图 4-4。当变频器检测线电压（U_{AB}）低于定值 85％（额定 10.5kV）时触发瞬停，在"10s 内恢复线电压（U_{AB}）90％以上和 6s 后检测电机转速在 10 赫兹以上"过程中没有满足条件，造成瞬停失败。

瞬停功能是指在主电源发生短时失电或欠压后，变频器能够不停机，当电源恢复时重新投入工作的功能。瞬停功能如果要满足系统 10s 的 25％的输入电压跌落瞬停功能，需要增加一个瞬停检测板和输出的 PT。变频器瞬停功能的原理图如图 4-1 所示。

如图 4-1 所示，当系统主电源消失后，主控板通过降压变压器检测到高压失电，使变频器进入瞬停状态持续 6s；当系统主电源重新来到时，主控板通过降压变压器检测到高压信号后，使主控进入来电状态，主控开始通过电流传感

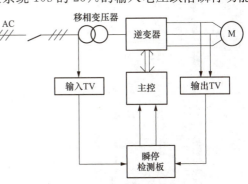

图 4-1 变频器瞬停功能的原理图

器检测电机残压信号,并用适当的电压和频率重新带动电机恢复到停电之前的状态。瞬停波形图如图 4-2 所示。500kV 故录装置母线电压波形图与向量图如图 4-3 所示。启备

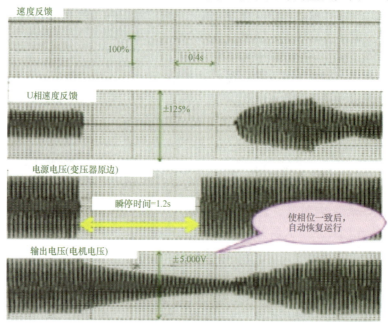

图 4-2　瞬停波形图

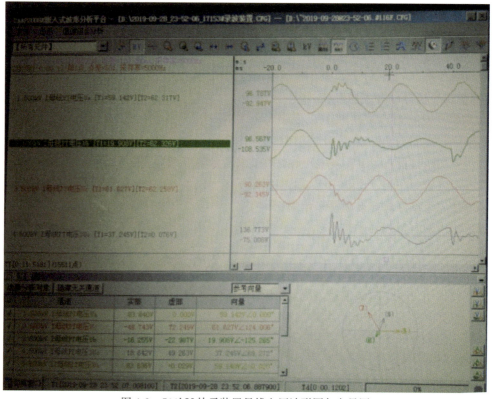

图 4-3　500kV 故录装置母线电压波形图与向量图

变故录装置显示启备变分支电压波形图与向量图如图 4-4 所示。

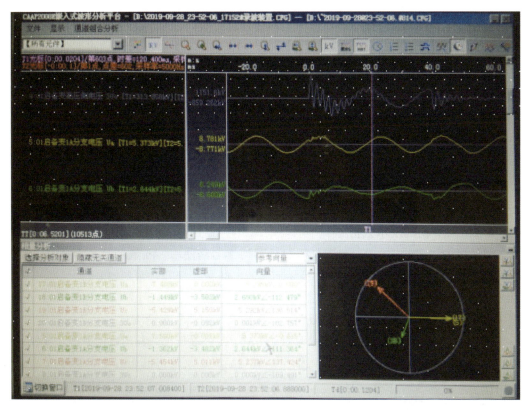

图 4-4 启备变故录装置显示启备变分支电压波形图与向量图

港城站调港乙线跳闸后，继保人员检查发现：1、2 号机组启备变分支电压发生同样电压波动，1 号机组闭式冷却水泵变频器跳闸，2 号机组闭式冷却水泵变频器运行正常。1 号机调试人员根据以上故障现象和对比 2 号机组闭式冷却水泵变频器运行情况、定值设置，判定为 1A 闭式冷却水泵变频器瞬停设定值 85% 高于 2 号机闭式冷却水泵变频器瞬停设定值 75% 是这次瞬停失败的主要原因。检测转速在 10Hz 以上（经验值）时瞬停成功过程中定值设置不合理，造成瞬停提前，电机转速下降过快引发 1A 闭式冷却水泵变频器瞬停失败，将 1 号机组变频器瞬停设定值修改为 75% 后正常。

4.1.3 凝结水系统

4.1.3.1 设备及系统概况

机组凝结水泵变频方案为"一拖二方式"，每台机组的 2 台凝结水泵配 1 套变频器，2 台凝结水泵独立运行，变频器任何时候只带其中 1 台凝结水泵运行，正常情况下，1 台凝结水泵变频运行，另 1 台凝结水泵工频备用或运行。

每台机组配备 2 台 100% 容量的小汽轮机凝结水泵，工频运行方式，1 台运行 1 台备用。

4.1.3.2 系统优化

因凝结水泵采用变频泵，低负荷时凝结水泵低频率运行会使凝结水杂用水压力降低，不能满足给水泵密封水压力的要求，因此需要关小凝结水主调门来憋压。

为解决这一问题，在凝结水杂用水至给水泵密封水管路设置了密封增压泵，低负荷时靠增压泵来提升密封水压力满足给水泵安全运行。消除了关小凝结水主调门的节流损失，提升了低负荷时的效率。

4.1.4 给水系统

4.1.4.1 设备及系统概况

每台机组配置100％容量汽动给水泵、30％容量电动给水泵。前置泵与给水泵同轴布置。

4.1.4.2 调试技术分析

（1）锅炉热态冲洗，A、B列高压加热器均投主路使用。除氧器加热至110℃，A列高压加热器水侧温度108℃，B列高压加热器水侧温度66℃，两列偏差较大。

给水泵均布置在汽机房固定端侧（靠近A列高压加热器），B列高压加热器较A列高压加热器管线水阻大，给水流量较小时，A列高压加热器水侧流量大于B列高压加热器水侧流量，通过采取增加锅炉上水流量的方式，B列高压加热器温度回升至109℃。

（2）小汽轮机冲转前暖管，投入轴封抽真空后，小汽轮机低压缸左右温度偏差大，就地检查实测温度偏差近50℃。

轴封系统投入后，轴封蒸汽通过回汽管道回到轴封加热器，还有一部分轴封蒸汽通过轴封体漏到小汽轮机排汽缸内，因此排汽温度升高。上汽小汽轮机排汽温度测点安装在小汽轮机排汽缸内（见图4-5），而低压缸减温水安装在小汽轮机排汽缸与凝汽器之间的膨胀节内（见图4-6），排汽温度升高无法通过低压缸减温水降低温度。小汽轮机抽真空管道布置在凝汽器前侧喉部（小汽轮机左侧排汽缸下方），真空投入后低压缸流场变化，造成小汽轮机低压缸左右温度偏差大。

4.1.5 发电机氢冷、密封油及定子冷却水系统

4.1.5.1 设备及系统概况

1. 氢冷系统

该发电机的氢冷控制系统用于置换发电机内气体，有控制地向发电机内输送合格的氢气，保持机内氢气压力稳定，监视机内氢气纯度及液体的泄漏。氢气控制系统包含下列设备：氢气供给装置、二氧化碳供给装置、二氧化碳加热器、氢气干燥器、氢气纯度仪、油水探测报警器、发电机绝缘过热监测装置、气体置换装置及阀门管道等。

2. 密封油系统

密封油系统主要作用是向密封瓦提供一定压力的油源，防止发电机内的氢气沿轴逸出，同时冷却和润滑密封瓦，防止密封瓦磨损。系统主要设备包括两台交流油泵、一台

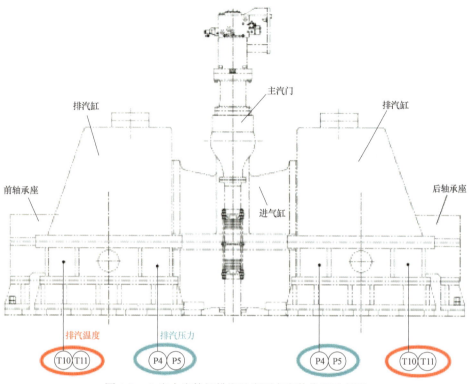

图 4-5　上汽小汽轮机排汽温度测点安装位置示意图

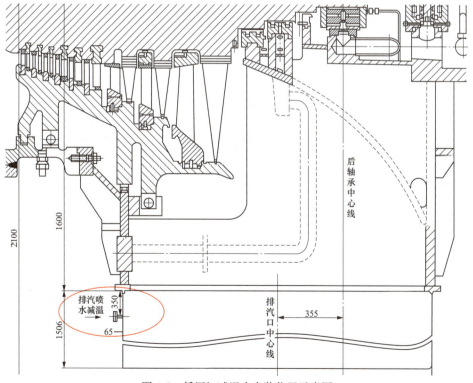

图 4-6　低压缸减温水安装位置示意图

直流油泵、氢侧回油箱、空侧回油箱、真空装置（真空油箱、真空泵）、两个差压阀、两台滤油器、两台冷油器、油水探测器、仪表箱及其他管路设备等。密封系统初始注油来自主机润滑油系统。

3. 定子冷却水系统

发电机定子冷却水系统主要由定子冷却水泵、定子水箱、两台冷却器、两台过滤器、定子反冲洗管道等组成。系统的正常补水由除盐水系统经过滤器、离子交换器后进入定子冷却水泵入口母管，备用补水水源取自本机精处理后的。定子冷却水泵为两台100％额定出力的离心泵，一台工作、另一台备用。定子线棒中通水冷却的导管采用不锈钢导管，其余回路采用不锈钢或类似的耐腐蚀材料制成。

4.1.5.2 调试技术分析

（1）发电机配套提供的密封油装置（见图 4-7），氢侧回油箱和真空油箱通过装在油箱内的浮球阀控制调整油位。根据统计，密封油系统出现故障最多的就是浮球阀卡涩，雷州电厂调试期间也发生过真空油箱浮球阀失效和氢侧密封油箱浮球阀卡涩等问题。

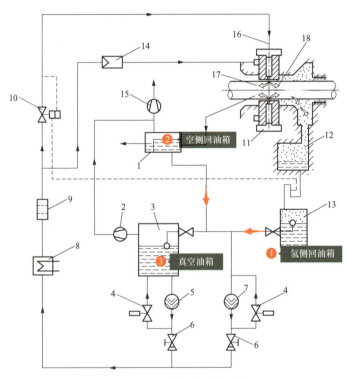

图 4-7　密封油装置示意图

1—空侧回油箱；2—真空油泵；3—真空油箱；4—密封油泵压力控制阀；5—密封油泵；
6—密封油泵出口止回截止阀；7—直流密封油泵；8—冷油器；9—过滤器；10—油氢差压阀；
11—密封瓦；12—消泡箱；13—氢侧回油箱；14—浮动油流量调节阀；15—排烟风机；
16—密封油进油；17—空侧密封油；18—氢侧密封油

密封油氢侧回油箱内浮球装置由浮球、杠杆、活塞门组成。在设备出厂前，厂家已调节好浮球阀定位位置，能够将油箱中的油位保持在预先设定的油位，现场只需要取出氢侧回油箱和真空油箱固定浮球的固定工具，使浮球阀处于自由调节状态（见图 4-8），氢侧回油箱和真空油箱油位变化使浮球通过杠杆驱动（见图 4-9 中"1"位置）活塞门开度变化，油箱随之恢复到预先设定油位。

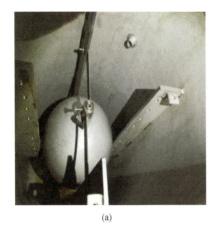

(a)　　　　　　　　　　　　(b)

图 4-8　浮球阀的位置变化　　　　　图 4-9　浮球通过杠杆驱动活塞
（a）固定装置拆除前的浮球阀；（b）拆除固定装置后的浮球阀　　　门开度发生变化

1 号机密封油系统第一次进油调试时，发现密封油真空油箱油位高报警，油位无法维持在油箱观察孔中间位置，初步怀疑浮球阀卡涩，浮球不能正常工作。经解体检查，拆除浮球、杠杆、活塞门，发现杠杆钩子角度偏大（见图 4-10 中 1 处钩子与杠杆角度），无法通过定位浮球位置来控制活塞门启闭。现场切割杠杆钩子，将钩子焊接成厂家要求的 90°，回装后试运正常。

2019 年 11 月 1 日，1 号机试运过程中，发现氢侧回油箱液位持续下降，油位低报警，现场关小氢侧回油箱浮球阀后截止阀，手动方式控制油位。2019 年 11 月 5 日，氢侧回油箱油位持续上涨，盘上无法观察实际油位，现场开大氢侧回油箱浮球阀后截止阀，并用铜棒敲打氢侧回油箱无效，运行人员通过手动方式控制油位，怀疑油箱内浮球破损或卡涩。2020 年 1 月 2 日，密封油系统退出运行，解体检查发现油箱底部遗留一个小螺帽。处理后，进行人工灌油试验，浮球、杠杆、活塞门活动正常。

（2）《防止电力生产事故的二十五项重点要求及编制释义》规定：定冷水箱中含氢量超过 2% 应加强对发电机的监视，超过 10% 应立即停机消缺。发电机绝缘引水管为聚四氟乙烯高分子材料，分子间隙较大，而氢气分子量很小，且氢压大于水压，在发电机运行期间氢气会通过绝缘引水管渗透进定冷水系

图 4-10　浮球杠杆钩子
角度偏大

统，然后在定冷水箱聚集。在定冷水箱顶部配有氢气检漏探头（浓度探头），在发电机氢气系统运行期间，定冷水水箱浓度探头达到 4% 将顶表，定冷水箱作为正压密闭式贫氧运行系统，应该以水箱排出的氢气体积量为准，改设氢气流量报警。

4.1.6 辅助蒸汽及轴封系统

4.1.6.1 设备及系统概况

辅助蒸汽系统为全厂提供公用汽源，它的作用是向有关辅助设备和系统提供辅助蒸汽，以满足机组启动、正常运行、减负荷、甩负荷和停机等各种运行工况的要求。本系统汽源包括：锅炉启动炉来汽、邻机供汽、五抽供汽、二次低温再热供汽。

4.1.6.2 调试技术分析

2019 年 06 月 27 日，电厂对 1 号机轴封系统管道进行吹管，按照调试导则对轴封系统吹管效果进行验收合格。蒸汽吹管流程：辅汽联箱→轴封供汽母管→主机各端部轴封体（轴封体供回汽支管进行短接）→轴封回汽至排大气管。

机组整套调试期间，轴封溢流调阀多次发生卡涩现象，检修人员对轴封溢流调阀进行解体检修时发现，阀体内壁及阀芯存在多处摩擦痕迹，如图 4-11 所示。

根据溢流阀内杂质及磨损痕迹分析判断，检修人员怀疑轴封系统蒸汽吹管时存在盲区，轴封溢流管道未进行吹管，导致后期轴封系统投运后，轴封溢流管道内杂质积存在溢流阀内。

针对 1 号机轴封系统存在的吹管盲区的情况，电厂对 2 号机吹管方案进行了修改，第一路：辅汽联箱→轴封供汽母管→主机各端部轴封体（轴封体供回汽支管进行短接）→轴封回汽至排大气管；第二路：辅汽联箱→轴封供汽母管→轴封溢流母管→将溢流调阀后管道临时接管通大气。2 号机轴封溢流调整阀至今未发生卡涩现象。

图 4-11 轴封溢流调阀阀体内壁及
阀芯存在多处摩擦痕迹

4.2 锅炉主要辅机单机试运

4.2.1 空气预热器系统

4.2.1.1 系统概况

每台锅炉配备两台三分仓回转式空气预热器。空气预热器主轴垂直布置，烟气和空气以逆流方式换热。每台空气预热器配备可相互切换的主电动驱动马达和辅助电动驱动马达，主、辅驱动电机采用变频启动和运行。

空气预热器旋转方向为：烟气→一次风→二次风，受热面自上而下分为三层（热段、中温段和冷段）。受热面冷端元件采用脱碳钢镀搪瓷。空气预热器的密封系统由顶部和底部内缘、外缘环向密封以及径向和轴向密封，顶部和底部转子中心筒密封组成。

4.2.1.2　调试中防止空气预热器堵塞技术措施

（1）空气预热器堵塞防治应坚持"源头控制、综合治理"的原则，以控制脱硝系统NH_3逃逸率、空气预热器入口SO_3浓度和加强空气预热器运维技术管理手段为主。

（2）加强配煤掺烧和煤质化验，严格控制入炉煤质，通过配风调整，优化一、二次风及燃尽风风率，降低SCR入口NO_x浓度。

（3）锅炉启动时应燃用优质煤，煤质硫分不宜大于1%，挥发分不宜低于20%。启动过程中确保凝结水、给水加热系统尽早投运，适当开大汽轮机旁路，提高SCR入口烟温。

（4）低负荷或环境温度较低工况运行时，应及时投运热风再循环、暖风器、锅炉尾部烟气旁路，开启省煤器水旁路等，提高SCR入口烟温，SCR投运温度不宜低于320℃。

（5）正常运行时，净烟气NO_x浓度小时均值应按排放标准值的$70\%\sim80\%$控制，防止喷氨过量。启停磨操作前，宜适当降低炉膛出口氧量来降低SCR入口NO_x浓度，不宜加大喷氨量。

（6）根据锅炉特性确定各负荷工况下合适的氧量，机组升降负荷过程中应控制氧量在合理范围内；AGC投入且负荷波动频繁时，及时对氧量进行手动干预，使煤量、氧量波动平缓，防止喷氨过量。

（7）机组单侧风烟系统运行时，严密监视SCR出口NH_3逃逸率变化、空气预热器差压增长速度，出现明显上升时应降负荷，避免SCR超出力运行。

（8）当煤种变化时，尤其是入炉煤挥发分降低和含硫量升高时，应严密监视锅炉NO_x浓度的变化、氨逃逸率变化、空气预热器差压变化，必要时进行燃烧调整、SCR格栅优化调平等相关试验。

（9）日常运行中应监视每台磨煤机出口各粉管出力均衡状况，各一次风管最大风速相对偏差值不大于$\pm5\%$，加强炉内配风调整，确保炉膛内热负荷均匀，提高锅炉出口NO_x分布均匀性。

（10）加强对两侧烟道负压测点、引风机电流、烟气流量测点、烟气温度等相关参数监视，分析两侧烟气流量是否存在偏差，出现偏差及时调整两侧引风机出力，确保各负荷段两侧烟气流量均衡。

（11）单侧空气预热器差压超过设计值时，在总排口NO_x不超标前提下，可适当降低堵塞侧脱硝效率，同时采用提高单侧空气预热器出口烟温等方式分解硫酸氢铵，脱硫系统入口烟温不应高于170℃。

（12）采用尿素作为还原剂的脱硝系统，运行中应控制热解炉出口最低温度在320℃以上，防止因温度降低导致热解炉出口及喷氨管道结晶堵塞。

（13）空气预热器吹灰器应正常投运，进汽阀后蒸汽压力宜控制在$0.8\sim1.2$MPa，蒸汽过热度不宜小于 100℃。单只吹灰器进汽管最低点处设置疏水管，疏水门宜采用温控式，防止蒸汽带水。

（14）当空气预热器差压大于设计值时，可适当增加吹灰频次；在设计值范围内可适当提高蒸汽压力，最高不应超过 1.5MPa。

（15）在进行全炉膛吹灰前应先进行空气预热器吹灰，吹灰宜采取空气预热器—炉膛及烟道—省煤器—空气预热器的顺序；机组启动时空气预热器应投入连续吹灰；机组停运前应对锅炉受热面及空气预热器进行全面吹灰；机组停运后应对催化剂连续吹灰至风机停运。

（16）脱硝控制系统应设置预测前馈控制（脱硝入口 NO_x 微分信号、氧量信号、风量信号、启停磨信号、AGC 指令信号等），消除烟气排放连续监测系统（continuous emission monitoring system，CEMS）测量滞后对控制的不利影响，实现喷氨的精细化控制，确保自动投运率不低于 95%。

（17）脱硝出口 NO_x 测点宜采用多点取样形式，单侧不宜低于 3 点；省煤器出口截面、喷氨混合系统入口截面和脱硝出口截面试验测点孔径宜采用 $\phi 80$，孔间距布置范围 1.0～1.5m；顶层催化剂上方 0.5m 处设置烟气均布试验测点，测点间距布置范围 1.5～2.0m。

（18）SCR 出口 NO_x 分布偏差大于 15% 的，应开展流场诊断试验，必要时可进行 CFD 模拟计算，优化脱硝系统导流板布置位置及型式，对喷氨格栅进行优化。出口 NO_x 分布偏差仍较大时，可进行分区喷氨技术改造，实现不同区域喷氨自动调整。

（19）每日对氨逃逸、NO_x 表计进行吹扫，每周进行校验保证数据真实；每半年进行喷氨调整门的开度与流量特性曲线整定试验，提高喷氨自动特性。

（20）加强空气预热器冲洗，做到"逢停必冲，冲必彻底"，严格过程监督和质量验收；蓄热元件堵灰至中温段或停炉前压差大于设计值的 1.5 倍、压差快速升高时，宜根据检修时间，安排抽包冲洗或吊出上层分段冲洗，彻底清除蓄热元件内部堵灰，冲洗后空气预热器彻底干燥前禁止启动风机。

（21）每年应至少进行一次喷氨优化试验，燃烧系统或脱硝系统改造后须进行喷氨优化试验；根据导流板、氨/烟混合系统、催化剂的磨损情况，进行烟气流场优化试验；催化剂每累积运行时间 5000～8000h，须进行活性检测。机组大修前，应进行烟气场数值模拟，验证导流板是否满足需要。

（22）安排专人对脱硝运行工况及空气预热器差压进行监督管理，开展异常分析和专业分析，根据差压情况及时采取相应措施。

（23）开展还原剂实际耗量与理论耗量对比工作，将偏差量作为考核、奖励依据，纳入各值之间指标竞赛，提高运行人员积极性。

（24）建立催化剂寿命管理台账，根据催化剂运行小时数和活性试验结果，制定催化剂采购和更换计划，合理选择更换时机，避开迎峰度夏、迎峰度冬及重要保电、保供热、保特殊管控时段排放要求，杜绝因催化剂管理不善影响电量、影响供热、影响环保达标排放。

（25）制定燃煤煤质重金属（砷）的化验检控机制，严格控制不符合要求煤种进厂，避免催化剂中毒或降低催化剂的活性。跟踪催化剂前沿技术升级，实时调研催化剂技术的适应条件，及时进行催化剂的技术更新升级改造。

4.2.2 风机系统

4.2.2.1 设备及系统概况

每台锅炉配备两台引风机、送风机、一次风机，均为动叶可调轴流风机。

4.2.2.2 防止风机动叶卡涩调试措施

引风机、送风机、一次风机在机组停运后动叶定期活动要求如下。

（1）风机动叶活动满足条件及活动幅度的要求：

引风机、送风机、一次风机动叶活动前确认液压油泵运行且油压满足。严禁一次性将动叶开关到位，在接近全关和全开位时幅度要慢。风机动叶活动时，每次输入指令不超过 10%，间隔 10s，再进行下一次操作，指令 75% 以上时减小操作幅度，分两次开至 100%，严禁将动叶一次性开到位，关闭时要求相同，每次操作不超过 10%。

（2）送风机、一次风机动叶活动要求：

机组停运后，将送风机、一次风机出口电动挡板关闭。每班活动风机动叶不少于 2 次且间隔时间不少于 2h，最终保持引、送、一次风机动叶开度在 10% 以上。停机时间超过 2 周时，再次启动风机前，通知点检清理轮毂外表面以及叶柄根部的积盐。

（3）引风机动叶活动要求：

机组停运后，将引风机出、入口挡板门关闭。保持冷却风机连续运行，强制通风结束且烟气温度小于 45℃，再将冷却风机停运。每班活动风机动叶不少于 2 次且间隔时间不少于 2h，最终保持风机动叶开度在 10% 以上。停机时间超过 1 周时，再次启动风机前，应清理轮毂外表面的积垢，并确认动叶动作灵活。

（4）风机检修时无需活动动叶，检修完毕后按要求活动动叶。单侧风机长时间停运后，动叶的活动也应参照上述规定执行。

4.2.2.3 调试技术分析

事例：1B 引风机液压油泵定期切换时油压异常技术分析

1. 事件发生前工况

4 月 18 日 12:10，机组负荷 428MW，CCS 协调方式运行，1A、1B、1C 磨煤机运行，双侧送引风机运行，1A、1B 引风机动叶开度分别为 40%、42%，锅炉炉膛负压 −60kPa，1B 引风机液压油站 B 液压油泵运行，油泵电流 19.5A，液压油滤网出口油压为 4.47MPa，供油母管压力为 4.42MPa，A 液压油泵投入备用，A、B 冷油器运行。

2. 事件经过

12:12，执行定期工作：切换引风机液压油泵至备用泵运行，启动 A 液压油泵运行，启动电流 23.8A，运行稳定后电流 21.72A，同时 B 液压油泵电流上升至 22.2A，液压油滤网出口油压上升至 5.20MPa，供油母管压力上升至 5.13MPa，就地检查 A 液压油泵运行正常。

12:13，停止 B 液压油泵并迅速投入备用，B 引风机液压油滤网后压力测点低，低信号触发，B 液压油泵联锁运行，液压油供油母管最低下降至 0.86MPa，A 液压油泵电流最低下降至 11.9A，同时 B 引风机动叶自动切至手动，动叶开度保持，炉膛负压未见异常波动。

22:20，溢流阀更换完毕，启动 1B 引风机 A 液压油泵，电流 20A，过滤器后压力 4.69MPa，倒换至 B 液压油泵运行，电流 19.5A，过滤器后压力 4.68MPa，运行正常。

3. 原因分析

（1）B 引风机液压油滤网后溢流阀卡涩是本次液压油泵切换失败，备用油泵不能停运的直接原因。溢流阀阀芯卡涩未复位如图 4-12 所示。

图 4-12　溢流阀阀芯卡涩未复位

（2）经化验 1B 引风机液压油颗粒度 NASH 12 级，远超厂家要求 8 级以下，颗粒度超标是造成该溢流阀卡涩的根本原因。

4. 调试经验总结

单侧风机停运操作应注意以下方面：

（1）降低 B 侧风烟系统出力的过程中，A 侧风烟系统的烟气量逐渐加大，应提前将 A 侧电除尘的出力加至最大，控制吸收塔出口烟尘不超标。

（2）降低 B 侧风烟系统出力的过程中，A 侧风烟系统的烟气量逐渐加大，应提前将 A 侧脱硝喷氨量加大，调整 SOFA 风开度，控制氮氧化物不超标。

4.2.3　锅炉冷态通风试验

1. 试验目的

对锅炉的烟风系统的风门挡板、测压装置、流量装置、燃烧器喷嘴、SOFA 风喷嘴进行全面检查，对锅炉的一次风量和二次风量测量装置进行标定，对磨煤机出口一次风速进行调平。通过冷态通风试验可以发现锅炉燃烧器及各风管道、风门挡板设计和安装可能存在的问题，为机组热态带负荷运行，燃烧调整提供参考依据。通过空气动力场试验，可以直观炉内气流的分布、扩散、扰动、混合等现象是否良好。

2. 静态试验检查

检查风烟系统的风门挡板内部状态与外部机械指示与 DCS 显示状态一致；检查一次风机、送风机出口挡板关闭严密；检查引风机进、出口挡板关闭严密；传动风烟系统的风门挡板，检查动作灵活，方向正确；传动制粉系统的关断门、调节门，检查动作灵活，方向正确；检查风烟系统和制粉系统的压力、流量、温度等测点显示正确。

3. 一次风调平试验

调平前，先把各风管的缩孔装置全开。启动一次风机，分别对各台磨煤机通风，调整风管风速在 20m/s 以上，通过调节磨煤机出口的可调缩孔开度，使得每根风管上的流速偏差小于 5%。

4. 磨煤机入口风量标定

在对所有磨煤机进行一次风调平试验后，开始进行每台磨煤机入口风量标定，标定用的测点在原风量测量装置前约 1m 处，标定在三个工况下进行，即 60%、80%、100%磨煤机额定风量工况下分别对各磨煤机入口流量测量装置进行标定，从而给出流量测量装置修正系数。

5. 二次风风量标定

启动送、引风机，全开各辅助二次风门，保持炉膛出口微负压，改变送风机动叶开度，分别在 30%、60%、100%BMCR 总二次风量三个工况下，采用网格法分别对 A、B 两侧热二次风进行测量，算出两侧热二次风风量装置的修正系数。

6. 二次风门特性试验

维持炉膛与风箱差压不变，分别在风门开度为 30%、60%、100%三个工况下，用数字风速仪测量各二次风喷口的出口风速，了解辅助风门特性及偏差情况。

7. 模化工况下空气动力场试验及贴壁风的测量

根据炉内冷态模化原理，将一、二次风风速调整至冷态模化风速（喷口处速度），在炉内最底层一次风中心平面侧墙测量贴壁风流速，观察贴壁风的强弱。

各二次风门的调节特性正常。炉内空气动力场燃烧器烟花示踪试验，示踪火焰切圆居中，充满度较好，切圆半径较大，无明显气流刷墙现象。炉内烟花示踪轨迹如图 4-13 所示。

图 4-13　炉内烟花示踪轨迹

4.2.4.1　制粉系统概述

锅炉采用中速磨煤机冷一次风机正压直吹式制粉系统。每台锅炉配置 6 台 MP265G 磨煤机。每台磨煤机配 1 台电子称重皮带式给煤机。每台磨煤机设置一套石子煤排放系统，石子煤排放系统采用具有自锁结构的电动提升密封形式和阻旋式料位检测装置的全密封排放方式。

4.2.4.2　调试技术分析

事例：A 磨煤机润滑油温度异常技术分析

1. 异常前运行情况

07:20，A 磨煤机运行，煤量 23t/h，入口一次风量 132t，磨煤机出口温度 85℃，磨煤机减速机润滑油站供油压力 0.26MPa，加载压力 5.0MPa，磨煤机减速机推力瓦 47.3℃，磨煤机减速机下箱体蓄油池温度 47.9℃。润滑油温度在 35～45℃ 范围内正常波动。

2. 异常经过

07:25，磨煤机减速机润滑油站供油温度上涨至 45℃，磨煤机减速机润滑油站冷却水电磁阀打开，油温持续上升，就地检查 A 磨煤机润滑油站冷却水供回水手动阀在全开位，供水压力 0.45MPa，回水温度 38℃。

08:35，发现 A 磨煤机润滑油温度 50℃（正常温度为 35～45℃），DCS 显示减温水电磁阀保持开启状态，减速机推力瓦温度 53.5℃（保护值为 75℃），且此两温度都有持续上升的趋势。就地检查，检测润滑油温度为 55℃，就地磨煤机振动无异常，冷油器闭冷水进口温度压力正常，回水温度 48℃，冷却水供回水隔离手动门全开，判断有过电流。

通过分析趋势曲线（见图 4-14），怀疑为温度控制电磁阀异常可能性较大。解开温度控制电磁阀出水法兰，发现出水量较小，通知安装单位将 1F 磨煤机润滑油冷却水电磁阀拆除调换至 1A 磨煤机润滑油站。

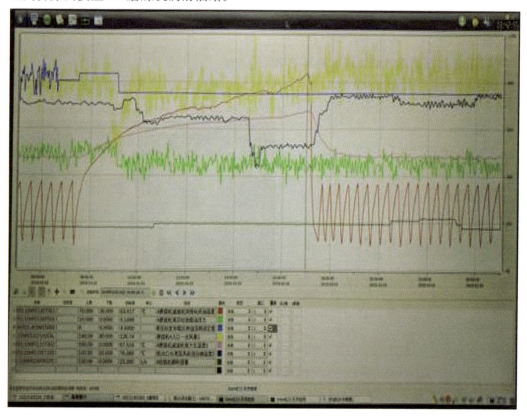

图 4-14　润滑油温度变化趋势曲线

17:00，更换温度控制电磁阀后恢复正常。

电磁阀更换期间，润滑油最高温度涨至 63.4℃，减速机推力瓦温度涨至 67.5℃。

3. 原因分析

A 磨煤机润滑油温度控制电磁阀隔膜破损（见图 4-15），导致隔膜上下腔室压力一致，电磁失磁后由于隔膜上下压力一致，导致冷却水电磁阀隔膜无法被冷却水顶开，冷却水通过量小。A 磨煤机润滑油温度异常原因如图 4-16 所示。

图 4-15　磨煤机润滑油温度控制电磁阀隔膜破损　　图 4-16　A 磨煤机润滑油温度异常原因

4.3　电气设备分部试运

4.3.1　UPS 系统

4.3.1.1　设备及系统概况

机组配置 2 套 100kVA 交流不停电电源（UPS）装置，网控配置 2 套 30kVA 交流不停电电源（UPS）装置，脱硫配置 2 套交流 30kVA 不停电电源（UPS）装置；UPS 系统由输入隔离变压器、整流器、逆变器、旁路隔离变压器、旁路调压变压器、直流回路逆止二极管、静态转换开关、静态旁路开关、维护旁路开关、交流 220V 母线设备、控制与信号面板及馈线柜等元件组成。

4.3.1.2　调试技术分析

事例：网控室 UPS2 整流控制模块故障事例分析

1. 事例经过

2020 年 1 月 5 日 NCS 监控后台报"UPS2 充电器故障"，检查人员就地查看 UPS2 主机柜监控面板各测量显示发现整流电压为"Battery 115V-4A"（代表此时由备用直流电源带载，正常时为"Battery 144V0A"，即由主路交流电源带载，经整流模块变换后电压为 144V)，主交流输入电源三相电压为 230、231、232V，输出电压为 220V。现场观察 UPS 主机柜运行情况，几分钟后出现自动切换至旁路电源又自动切回直流的现象。

2. 原因分析及注意事项

经过排查现场操作和接线，判断是整流控制板出现故障，整流器关闭导致发生自动切换的现象。进一步分析原因为前期使用临时电，电源质量不佳导致整流板故障的概率比较大。

更换整流板前将负载转手动维修旁路供电，期间保证旁路电源稳定，关闭 UPS 更换整流控制板。更换完毕后送电遵循"先合交流后合直流"原则，先合主电源开关，测量整流后电压缓慢上升至 144V 并且观察"Charger"整流器工作绿灯亮，"Battery"显示电压为 144V，再送直流开关，启动 UPS 并操作切换至主交流输入电源带载。

4.3.2　厂用电系统

4.3.2.1　设备及系统概况

厂用电系统分 10kV 和 380V 两个电压等级，10kV 系统中性点经中阻接地，380V 系统为中性点直接接地。

每台机组 10kV 厂用电系统接在发电机出口的一台分裂绕组高压厂用变压器供电，共分为 A、B 两段母线。两台机组设一台接在 500kV 升压站母线上的分裂绕组启备变，作为两台机组 10kV 厂用电的备用电源。10kV 输煤空压机段、10kV 卸煤码头段、10kV 码头段电源系统为全厂 10kV 公用系统。

高压厂用变压器高压侧至发电机出口采用全连式离相封闭母线，高压厂用变压器、启备变低压侧至主厂房内 10kV 配电装置采用浇注母线。

4.3.2.2　调试技术分析

事例一：6 月 30 日 A 脱硫变跳闸原因分析

1. 事例经过

1 号机组调试，厂用 10kV 母线由启备变供电，380V 脱硫 A 段 JOBHG00 段通过 1 号机组 10kV 工作 A 段 A 脱硫变供电。06 月 30 日 10:40，1 号机组调试，在启动 1A 工艺水泵时，10kVA 脱硫变 10BBA16 开关跳闸，综保装置报"B 比率差动动作"。

2. 事例分析

在启动 1A 工艺水泵时造成 A 脱硫变 10BBA16 开关跳闸开关综保装置报"B 比率差动动作"，继保人员、施工调试人员现场检查发现 A 脱硫变 10BBA16 开关 B 相 CT 保护用的二次端子线极性接反，造成 B 相的差流的矢量不为 0 而是正常电流的 2 倍，从而导致带负荷后 B 相比率差动动作，380V 脱硫 A 段失电。为什么在对 A 脱硫变进行冲击送电时 B 相比率差动没有动作，那是因为变压器冲击送电产生的励磁涌流含有大量高次谐波分量，比率差动保护可以利用三相差流中二、三次谐波的含量来辨别励磁涌流，采取综合相闭锁方式，当三相差流中任一相判断为励磁涌流，则三相比率差动元件被闭锁而不动作。

事例二：7 月 12 日试运 C7B 皮带机 2B 锅炉变高压侧开关比率差动保护动作原因分析

1. 事例经过

2 号机组 10kVA、B 段母线电压 10.7kV，2B 锅炉变高压侧 20BBB09 开关合位、2B 锅炉变低压侧 20BF01A01 开关合位、锅炉 B 段母线电压 406V、保安 B 段电源二 20BF04A01 开关合位（保安 B 段 ASCO 开关电源一带），锅炉 B 段其余开关均在分闸位，锅炉 B 段无负荷。7 月 12 日 09：40 输煤项目启动 C7B 皮带机，导致 2B 锅炉变高压侧 20BBB09 开关比率差动保护动作跳闸、2B 锅炉变低压侧 20BF01A01 开关跳闸，2B 锅炉段失电。

2. 事例分析

在启动 C7B 皮带机时炉变高压侧 20BBB09 开关综保装置报 "C 比率差动"，继保人员、施工调试人员现场检查发现故障原因为：2B 锅炉变高压侧 20BBB09 开关 C 相保护用的二次端子线接反导致带负荷后 C 相比率差动动作，造成 2B 锅炉段失电。

4.4 二次再热机组化学清洗

4.4.1 概况

根据 DL/T 794—2012《火力发电厂锅炉化学清洗导则》规定，锅炉在安装完毕投产前应进行化学清洗，以除去锅炉受热面在轧制、储存、运输及安装过程中所产生的铁锈、焊渣等有害杂质，保证锅炉安全运行，提高锅炉热效率和水汽品质，使汽水品质尽快达到《火力发电厂水汽监督导则》的标准。本机组化学清洗采用 EDTA 铵盐清洗。

4.4.2 清洗范围、清洗工艺及回路

4.4.2.1 清洗范围

（1）炉前系统：凝汽器汽侧、小汽轮机凝汽器汽侧、凝结水泵、凝结水管道、疏水冷却器、轴封加热器、各低压加热器水侧及其旁路、低温省煤器、除氧器水箱、高加汽侧、蒸汽冷却器汽侧、低加汽侧、高压给水管道、蒸汽冷却器。

（2）炉本体：省煤器、下降管、水冷壁、启动分离器、储水罐、启动疏水系统。

（3）过热器系统不参加化学清洗，在清洗之前充满 pH9.5～pH10.5 的氨水保护液。

4.4.2.2 清洗回路

1. 碱洗回路

第一回路：凝汽器汽侧→凝结水泵→轴封加热器→自循环管→凝汽器汽侧。

第二回路：凝汽器汽侧→凝结水泵→轴封加热器→10 号低压加热器→9 号低压加热器→8 号低加（先冲洗 8 号低加再进低温省煤器）→7 号低加→6 号低压加热器→除氧水箱→溢放水管道至凝汽器汽侧。

第三回路：凝汽器汽侧→凝结水泵→轴封加热器→10 号低压加热器→9 号低压加热器→8 号低压加热器→临时管道→6 号低加汽侧→7 号低加汽侧→8 低加汽侧→危急疏水→凝汽器。

第四回路：凝汽器汽侧→凝结水泵→轴封加热器→10 号低压加热器→9 号低压加热器→8 号低压加热器→临时管道→1 号高加汽侧→正常疏水管道→2 号高加汽侧→正常疏水管道→3 号高加汽侧→4 号高加汽侧→除氧器→溢放水管道至凝汽器汽侧。

第五回路：凝汽器汽侧→凝结水泵→临时管道→四段抽汽→4 号高加前置冷却器→4 号高加汽侧→除氧器→溢放水管道至凝汽器汽侧。

第六回路：凝汽器汽侧→凝结水泵→临时管道→二段抽汽→2 号高加前置冷却器→2 号高加汽侧→4 号高加汽侧→除氧器→溢放水管道至凝汽器汽侧。

第七回路：凝汽器汽侧→凝结水泵→临时管道→小汽轮机凝汽器汽侧→小汽轮机凝结水泵→凝汽器。

第八回路：凝汽器汽侧→凝结水泵→临时管道→高压给水管道→4～1 号高加及前置冷却器→给水操作台→省煤器→水冷壁→分离系统→临时管→除氧器→溢放水管道至凝汽器汽侧。

2. 锅炉酸洗回路

清洗泵→临时加热器→高加给水管道旁路→给水操作台→省煤器→水冷壁→分离系统→临时管→清洗泵。

4.4.3 清洗技术工艺指标与参数

二次再热机组化学清洗技术工艺指标与参数详见表 4-1。

表 4-1　　　　　　　二次再热机组化学清洗技术工艺指标与参数列表

阶段		介质	控制参数	操作方式
双氧水碱洗	水冲洗	除盐水	控制高水位	凝泵冲洗
	双氧水除油工艺	H_2O_2	浓度：0.05%～0.1% 温度：常温 清洗方式：循环浸泡清洗 时间：循环 3h 浸泡 12h	凝泵循环
	水冲洗	除盐水	控制高水位 排水澄清 pH≤9.0	凝泵冲洗

续表

阶段		介质	控制参数	操作方式
EDTA清洗	水冲洗	除盐水	控制高水位	临时清洗泵
	循环试加热	除盐水	温度:85~95℃ 系统严密性良好 系统隔离门无内漏 系统无短路	临时清洗泵循环,临时加热器
	EDTA	EDTA、缓蚀剂、还原剂和氨水	初始酸浓度:3%~8% pH8.5~9.5 温度:85~95℃ 流速:大于0.2m/s	临时清洗泵循环,临时加热器

4.4.4 清洗质量标准

(1) 被化学清洗后的金属表面清洁,无残留物,无金属粗晶析出的过洗现象,无镀铜现象。

(2) 金属腐蚀率小于 $8g/(m^2 \cdot h)$、金属总腐蚀量小于 $80g/m^2$。

(3) 清洗后的表面应形成良好的钝化保护膜,不出现二次锈蚀和点蚀。

(4) 固定设备上的阀门、仪表等不受到损坏。

4.4.5 清洗结果及鉴定

1. 腐蚀速率和腐蚀总量(见表4-2)

表 4-2   1号机组指示片腐蚀状况

工程名称			广东大唐国际雷州发电有限责任公司1号机组化学清洗						
指示片腐蚀状况	指示片		清洗前重 (g)	清洗后重 (g)	失重 (g)	面积 (m²)	时间 (h)	腐蚀速率 (g/m²h)	总腐蚀量 (g/m²)
	编号	位置							
	1	监视管	14.774 3	14.763 7	0.010 6	0.001 421	13	0.57	7.46
	2	监视管	13.745 0	13.703 4	0.041 6	0.001 405	13	2.28	29.61
	3	监视管	13.857 8	13.853 4	0.004 4	0.001 458	13	0.23	3.02
	4	监视管	13.583 8	13.557 5	0.026 3	0.001 436	13	1.41	18.31
	平均							1.12	14.59

2. 监视管

清洗表面干净,无二次锈,表面形成良好的保护膜。

3. 清洗结果鉴定

综上所述,本次锅炉化学清洗三种材质的腐蚀速率及腐蚀总量均在化学清洗导则标准范围以内，锅炉化学清洗腐蚀速率和腐蚀总量均达到优良。被清洗金属表面干净，无残留物，表面形成良好的钝化膜。

清洗质量总评为：合格。

清洗前后对比图如图 4-17～图 4-19 所示。

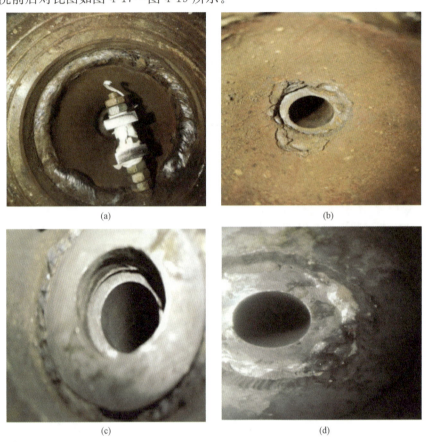

(a)　　　　　　　　　　　　　(b)

(c)　　　　　　　　　　　　　(d)

图 4-17　设备清洗前后对比图
（a）清洗前一；（b）清洗前二；（c）清洗后一；（d）清洗后二

图 4-18　右边监视管剖管图（钝化后）　　　图 4-19　左边监视管剖管图（钝化后）

4.5 锅炉蒸汽冲管运行调整

4.5.1 吹管方式及实施方案

锅炉吹管方式主要有两种,一种为降压吹管,另外一种则是稳压吹管。一般认为:锅炉吹管方式的选择,主要是综合考虑锅炉所有厚壁承压部件安全、锅炉的结构型式、蓄热能力、设备的现场安装进度和附属设备的配置。由于现场附属设备的制约,受除盐水制水能力及除盐水箱储水能力限制,项目采用稳压降压联合吹管方式。

4.5.2 吹管实施方案

现场吹管采用两段法,主要将过热器作为第一阶段吹管(见图 4-20),第二阶段为过热器+一次再热器+二次再热器的吹管方式(见图 4-21)。

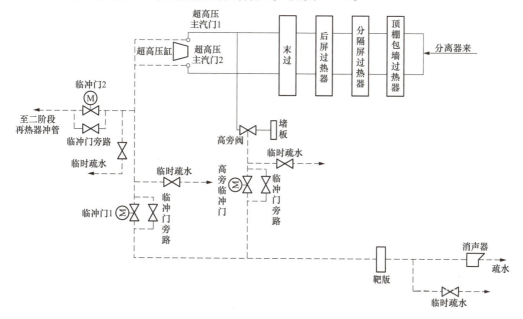

图 4-20　第一阶段吹管流程示意图

4.5.3 吹管阶段主要耗油、煤和水指标测算分析

吹管期间,采用降压吹管方式,计划冷态冲洗 48h,热态冲洗 24h,第一阶段降压吹管 12h×2,停炉 12t;第二阶段降压吹管分别为 12、12、20h,第二次停炉 24h。

1. 柴油用量

锅炉共 3 层大油枪,每层 8 只,共 24 只油枪,每只油枪额定出力 1.2t/h;微油系统共 1 层,共 8 只油枪,每只微油枪额定出力 0.2t/h。

(1)冷热态冲洗期间。热态冲洗 24h,按投入 1 层大油枪计算,需柴油 230.4t。

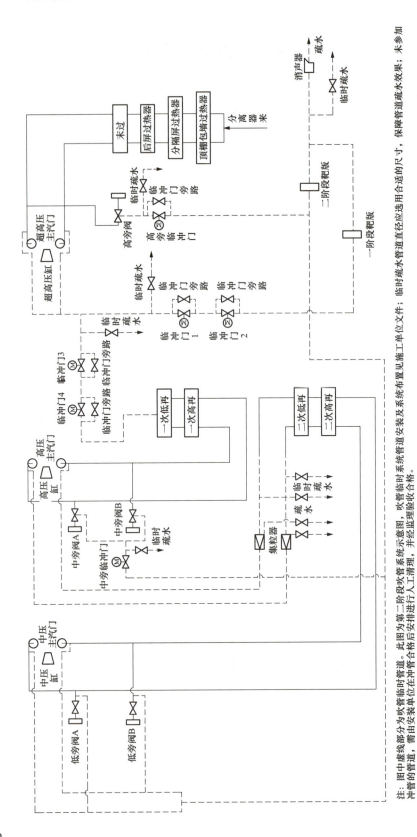

图 4-21　第二阶段吹管流程示意图

注：图中虚线部分为吹管临时管道。此图为第二阶段吹管系统示意图，吹管系统安装及系统布置见施工单位文件；临时疏水管道直径应选用合适的尺寸，保障管道疏水效果；未参加冲管的管道，需由安装单位在冲管合格后安排进行人工清理，并经监理验收合格。

（2）两阶段降压吹管期间。按照每阶段启动前 6h 投入 2 层大油枪和 1 层微油枪计算，需柴油 249.6t。

（3）第三阶段稳压吹管期间。按照启动升压前 6h 投入 2 层大油枪和 1 层微油枪计算，需柴油 124.8t。

吹管期间共需柴油 230.4＋249.6＋124.8＝605t。

2. 燃煤量

锅炉 THA 工况燃煤为 357.3t/h，热态冲洗阶段按投入 1 台磨计算，两阶段降压吹管按投入 2 台磨计算。

（1）冷热态冲洗期间。热态冲洗 24h，投入 1 台磨计算，需燃煤 24×1×60＝1440t。

（2）两阶段降压吹管期间。一阶段降压吹管按 12h 计算，二阶段降压吹管按 20h 计算，期间投两台磨煤机，共需燃煤（12＋20）×2×60＝3840t。

吹管期间共需燃煤 1440＋3840＋1080＝5280t。

3. 除盐水量

除盐水补水速度 120t/h，冷热态冲洗排水量 80～100t/h，降压吹管耗水量约 400t/h，三罐除盐水共 9000t。

（1）冷热态冲洗期间。冷态冲洗 48h，热态冲洗 24h，需除盐水 72×100＝7200t。

（2）第一阶段降压吹管期间。第一阶段降压吹管按 24h 计算，需除盐水 24×400＝9600t。

（3）第二阶段降压吹管期间。第二阶段降压吹管 20h 计算，需除盐水 44×400＝17 600t。

正式吹管期间共需除盐水 7200＋9600＋17 600＝34 400t。

4.5.4　吹管过程调整

4.5.4.1　单次吹管操作过程

吹管前的状态参数：分离器出口压力为 9.5MPa，储水箱液位为 10.5m，给水流量为 600t/h，过冷水调门开度为 16％，炉水循环泵出口门开度为 53％、流量为 560t/h。

准备冲管，打开临冲门，压力持续降低至 7MPa，开大上水旁路调门至 45％并保持，随着给水量的增加及压力降低，炉水循环泵出口流量由 560t/h 下降全 160t/h，此时储水箱液位由 1.1m 下降至 9m，因为出现虚假水位并未降至过低。

关闭临冲门过程中，压力并未立即反弹，此时压力稳定在低位 7MPa，并关闭上水旁路调门，分离器水位开始上升至 1.25m，同时，炉水循环泵出口流量涨至 670t/h。

临冲门开始关闭后 95s，分离器出口压力开始回涨，水位开始降低，压力回升至 8.0MPa，水位降至 5.3m，此时又开大上水旁路调门，并逐渐开大过冷水和关闭炉水循环泵出口门至 40％，用于缓解分离器液位下降趋势，调节过程中，水位可以短时控制回升，随着水位上升，逐渐恢复上述两个门的开度至正常。吹管结束后期，根据水位来调整上水门开度及 WDC 阀。

4.5.4.2 分离器水位调整控制方法

（1）吹管前，保持储水箱水位 8～9m，在水位上涨和下降过程中均留有余量，不宜控制过高，并关闭 WDC 阀。

（2）根据趋势发现，上水旁路门的开度对炉水循环泵出口流量有较大影响，因此在吹管期间减少上水流量波动，在开始吹管前 20s 可以开大上水旁路开度（10MPa 时控制上水流量 950～1000t/h），并在关门结束后延时 20s 左右再缓慢关小上水旁路调门至 700t/h 流量，压力回升到正常值（水位降至最低时）后再关闭上水。

（3）吹管期间，炉水循环泵出口流量和过冷水要谨慎使用，可以快速调整水位，但长期无用，还是要通过上水旁路来控制。

（4）加大给水期间，要注意炉水循环泵出口流量，防止低于最小流量。

（5）吹管期间，要注意观察分隔屏过热器出口温度下降趋势，大于 50℃ 要及时降低储水箱水位，证明水位过高，过热器过水。

（6）调整期间，注意电动给水泵的电流和流量，及时调整再循环开度，防止过电流及流量过低跳泵。

4.5.5 吹管效果评估

1 号机组锅炉蒸汽吹管期间停炉 5 次，分两个阶段进行吹管，每阶段停炉 2 次，每次停炉时间大于 12h。吹管采用降压的吹管方式，吹管参数符合锅炉吹管方案；吹管校核系数均大于 1.4；选用铝质材料靶板，连续两次更换靶板检查，无 0.8mm 以上的斑痕，且 0.2～0.8mm 范围的斑痕为 1 点。靶板表面呈现金属本色。吹管调试质量符合锅炉吹管方案、DL/T 1269—2013《火力发电建设工程机组蒸汽吹管导则》和 DL/T 5210.6—2019《电力建设施工质量验收规程 第 6 部分：调整试验》中有关吹管的各项质量标准要求。

5

二次再热机组整套启动调试与运行控制

5.1　机组整套启动试运

二次再热机组整套启动调试过程及亮点如下所述。

1. 整套启动调试效率高

1号机组于 2019 年 10 月 30 日锅炉点火，11 月 1 日汽轮机冲转，11 月 4 日机组首次并网，11 月 11 日机组负荷首次升至满负荷 1000MW，11 月 14 日即完成 AGC 试验、进相试验、机组超速试验、RB 试验（辅机故障、减负荷试验）、ATT 试验（汽轮机主汽阀、调速汽阀、补气阀活动试验）、一次调频试验、真空严密性试验、50％及 100％ 甩负荷试验等各项试验工作，12 月 7 日 168h 试运行一次通过。在整个 168h 试运行过程中，辅机、主机运行稳定，主蒸汽压力、温度、排气温度、真空、振动、瓦温等重要参数一直稳定在优良水平。整套启动全过程未发生一次非停，未发生一起事故及重大异常，创造国内 1000MW 级二次再热同类型机组最高效率。

2. 汽轮机缸温控制优异

主机轴封投入后，中压缸上、下缸温差会快速上升，项目团队经过分析后判断为超高压缸、高压缸轴端漏汽至中低压连通管直通，导致轴封系统投运后中压缸上、下缸温差快速增大，汽轮机无法正常冲转。利用停机消缺的时间窗口，项目团队要求厂内在漏汽管至中低压连通管前增加隔离阀，同时要求运行人员调整运行操作方式，在机组冲转前投运轴封系统时关闭隔离阀，中压缸上、下缸温差获得了有效控制，机组得以顺利启动。

3. 调试全过程未发生滤网堵塞

结合过往调试经验，项目团队判断抽汽回热管路内存在大量氧化皮等杂质，在高加系统首次投运时极大可能会导致汽动给水泵跳机。在整套启动前要求施工单位在高加系统末端增加了临时冲洗排放管路，在首次投运高加系统时采用稳压冲洗排放的方法，待冲洗合格再转入正式管路投运。通过采用该方法，1号机组在整套启动期间未发生一起滤网堵塞造成的机组异常。

4. 国内首次完成同类型机组 ATT 试验

由于本项目的锅炉属于哈锅最新产品，锅炉自一次冷再后均未设计混合联合管路，主机 ATT 试验无法采用常规方法进行。通过与设计单位和设备厂家的沟通，项目团队经过细致核算后确定 ATT 试验应在低于 60% 负荷下进行，同时开启旁路系统，并尽量降低运行参数，减少对旁路系统阀门的高参数工质冲刷，最终顺利完成 ATT 试验。

5. 完成世界首台百万二次再热 π 型锅炉燃烧调整

对世界首台百万二次再热 π 型锅炉，其燃烧特性尚有待摸索和优化。首先对锅炉厂提供的中间点温度进行优化，在保证过热汽温额定的前提下尽量少用燃烧器摆角和循环烟气量，以降低超温点的烟气温度，确保高压末再管壁不超温；其次，利用循环烟气控制炉膛燃烧温度，降低炉膛出口温度，并借此控制对流受热面烟气流量。然后利用燃烧器风门及燃尽风控制燃烧偏差，尽量降低超温侧烟温，最终获得了良好的燃烧状态。

6. 调试全过程汽水品质控制一流

1 号机组精处理系统再生分离塔反洗进水和上部进水流量分配不合理，影响了精处理系统的稳定运行。通过对系统的合理优化、对气动阀调整限位、加装手动门以及消除混床漏点等措施，保证了混床的正常投运和树脂分离的合理流量，使得精处理系统的树脂分离程控可以安全稳定投运。最终确保了 1 号机组整套启动期间水汽品质的合格。

7. 通过深度调试实现即投产即达标

1 号机组 168h 试运期间，锅炉、汽轮机、发电机等主要设备及其附属设备运行状态稳定，各项热力参数均达到设计值要求，机组负荷响应快速，满足南方电网调度要求，电气保护投入率达到 100%，热控保护投入率、自动投入率、仪表投入率达到 100%，脱硫、脱硝、除尘装置投入率达到 100%，二氧化硫、氮氧化物排放浓度均达到国家超净排放标准，汽水品质优异，机组额定供电煤耗 263.66g/kWh，各项指标均达到国际同类机组的先进水平。

5.2 机组整套启动调试主要试验

5.2.1 主汽门、调门严密性试验

5.2.1.1 试验前准备

(1) 蒸汽参数：主蒸汽/一次再热/二次再热：15.2/1.06/0.66MPa，439/430/419℃。

(2) AUTO TURBINETE STER 画面中超高、高、中压阀组 "SELECTATT"（6个）子环投入，显示红色。

5.2.1.2 试验过程

(1) 2019 年 11 月 4 日 20:51，机组并网，升负荷至 200MW。2019 年 11 月 5 日 10:22，机组负荷 30MW，发电机解列，汽轮机维持 3000r/min。

(2) 2019 年 11 月 5 日，1 号机组汽轮机维持 3000r/min 空负荷稳定运行。主蒸汽压力 15.5MPa，一次再热蒸汽压力 5.8MPa，二次再热蒸汽压力 1.8MPa。10:45，进行主汽门严密性试验，在 AUTO TURBINE TESTER 画面中选择 "ESV LEAK-

AGETEST"按钮，所有主汽阀关闭，调阀全开，汽轮机转速开始下降，主汽门关闭前主蒸汽压力 15.5MPa。

根据

$$n=(p/p_0)\times1000\text{r/min}$$

式中　p——试验时的主蒸汽压力，MPa；

　　　p_0——额定主蒸汽压力，一般为 31MPa。

可得：主汽门严密性合格的标准转速为 500r/min。

转速降至 270r/min，试验合格。试验过程参数曲线如图 5-1 所示。

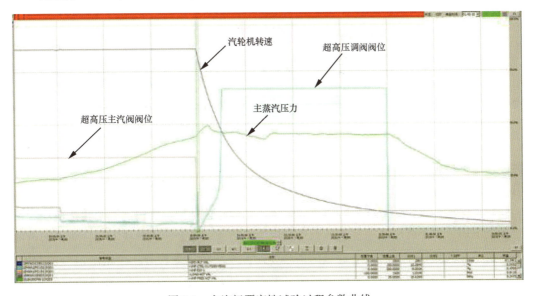

图 5-1　主汽门严密性试验过程参数曲线

（3）2019 年 11 月 05 日，1 号机组汽轮机维持 3000r/min 空负荷稳定运行。主蒸汽压力 15.5MPa，一次再热蒸汽压力 5.8MPa，二次再热蒸汽压力 1.8MPa。11：55，进行调门严密性试验，在 AUTO TURBINE TESTER 画面中选择"CV LEAKAGE TEST"按钮，超高压、高压、中压调门关闭，机组转速逐渐下降，调门关闭前主蒸汽压力 15.5MPa。

$$n=(p/p_0)\times1000\text{r/min}$$

式中　p——试验时的主蒸汽压力，MPa；

　　　p_0——额定主蒸汽压力，31MPa。

可得：调门严密性合格的标准转速为 500r/min。

转速降至 281r/min，试验合格。试验过程参数曲线如图 5-2 所示。

5.2.2　汽轮机超速试验

5.2.2.1　超速保护简介

常规超速保护按动作定值划分，可分为 OPC 超速（103%）、电超速（110%）、机

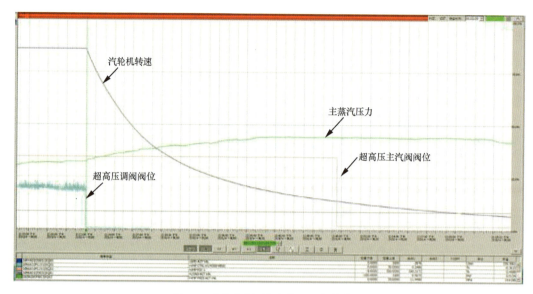

图 5-2 调门严密性试验过程参数曲线

械超速三种。雷州电厂项目汽轮机超速保护系统取消了传统的机械危急遮断器，由两套电子式的超速保护（110%）装置构成。

超速保护装置采用三通道转速监测系统。每套超速保护装置包括三个转速模块和一个测试模块。三个转速通道独立地测量显示机组转速。每个转速模块不仅接收本通道的测速信号，而且接收其他两个通道的信号。监控模块持续地检查三个通道信号的数值。如果某通道的测量值同时与其他两通道的数值有明显偏差，则认定该通道传感器故障，任何一个故障都发出报警信号。每套超速保护系统还包含一个独立的数字信号发生器，用以模拟转速信号，在机组运行时，定期对转速模块进行测试。

转速模块发出的动作信号通过继电器回路，进行硬件的三取二逻辑处理。二套处理系统串联进快关电磁阀的电源供给回路，直接切断电磁阀的电源，快速停机。超速保护装置的动作信号还同时送到保护系统的处理器，在软件里再进行三取二的逻辑处理，和其他保护信号一起，通过输出卡件控制油动机的快关电磁阀。超速保护原理如图 5-3 所示。

5.2.2.2 超速试验过程

带 20%BMCR 负荷运行 10h，汽轮机打闸，重新冲转至 3000r/min 定速。分别进行汽轮机主汽阀、调阀严密性试验合格。

2019 年 11 月 5 日 13:56，进行 1 号机组汽轮机超速试验，修改第一套电超速动作值为 3050r/min，屏蔽第二套电超速，机组升速至 3050r/min 超速保护动作，超速保护动作正常，首出正确。之后把定值修改为 3300r/min。14:58 进行第二套电超速试验，屏蔽第一套电超速，机组升速至 3300r/min 超速保护动作，超速保护动作正常，首出正确。

2019 年 11 月 5 日 17:45，机组重新并网。

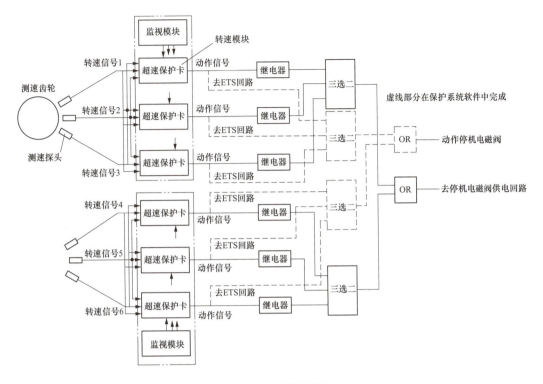

图 5-3 超速保护原理

5.2.3 锅炉单侧辅机运行试验

5.2.3.1 停运单台一次风机出力试验

1. 试验条件

（1）试验时机组负荷在 500MW 左右，并处于稳定运行状态。

（2）2 台引风机、2 台送风机、2 台一次风机、1～2 台烟气再循环风机、2 台空气预热器运行。

（3）2～3 台磨煤机投入运行。

2. 试验过程

（1）于 2019 年 11 月 27 日 21:20 逐渐关闭一次风机 B 动叶。

（2）以一次风机 A 动叶自动维持一次风的母管压力大于 8kPa。

（3）当一次风机动叶全关后，关闭其出口挡板，并于 2019 年 11 月 27 日 21:35 停运一次风机 B。

（4）在停运一次风机 B 过程中，注意一次风风道压力的稳定；注意运行磨煤机的风量稳定，磨煤机各差压的稳定；注意运行一次风机的各项参数的稳定；注意燃烧的稳定。

（5）确认风烟系统和制粉系统运行正常，并在锅炉各项参数正常稳定的情况下逐渐增加负荷，最终单侧一次风机出力为 510MW。

5.2.3.2 一次风机重新投运与并列调整试验

1. 试验条件

（1）试验时机组负荷在 500MW 左右，并处于稳定运行状态。

（2）2 台引风机、2 台送风机、单台一次风机、1～2 台烟气再循环风机、2 台空气预热器运行。

（3）2～3 台磨煤机投入运行。

2. 试验过程

（1）2019 年 11 月 27 日 22:15 重新启动停运的一次风机 B，逐渐打开一次风机 B 动叶。

（2）以一次风机 A 动叶自动维持一次风的风道压力大于 8kPa。

（3）一次风机 B 动叶逐渐开大至与一次风机 A 基本一致，2019 年 11 月 27 日 22:45 机组稳定运行，机组负荷 530MW。

（4）在开大一次风机 B 过程中注意一次风风道压力的稳定；注意运行磨煤机的风量稳定，磨煤机各差压的稳定；注意运行一次风机的各项参数的稳定；注意燃烧的稳定。

（5）确认风烟系统和制粉系统运行正常。

5.2.3.3 停运单台送、引风机出力试验。

1. 试验条件

（1）试验时机组负荷在 500MW 左右，并处于稳定运行状态。

（2）2 台引风机、2 台送风机、2 台一次风机、1～2 台烟气再循环风机、2 台空气预热器运行。

（3）2～3 台磨煤机投入运行。

2. 试验过程

（1）2019 年 11 月 28 日 02:25 关闭送风机出口联络挡板，将送风量自动撤出，引风机 B 动叶自动撤出，逐渐关闭送风机 B 动叶，关闭引风机 B 动叶，开大送风机 A 的动叶，并使引风机 A 的动叶自动开大。

（2）维持氧量稳定，炉膛压力稳定。

（3）当送风机 B 动叶全关，引风机 B 动叶全关后，关闭送风机 B 出口挡板，关闭引风机 B 出口挡板，于 2019 年 11 月 28 日 02:52 停运送风机 B，同时联跳引风机 B。

（4）在停运送、引风机 B 过程中注意燃烧的稳定，注意运行送、引风机的各项参数的稳定，禁止风机超电流运行。

（5）确认风烟系统和制粉系统运行正常，并在锅炉各项参数正常稳定的情况下逐渐增加负荷，最终单侧送引风机出力为 515MW。

5.2.3.4 送、引风机重新投运与并列调整试验

1. 试验条件

（1）试验时机组负荷在 500MW 左右，并处于稳定运行状态。

（2）单台引风机、单台送风机、2 台一次风机、1～2 台烟气再循环风机、2 台空气预热器运行。

（3）2～3台磨煤机投入运行。

2. 试验步骤

（1）2019年11月23日03:30重新启动停运的引风机B、送风机B，打开送风机出口联络挡板，逐渐打开送风机B动叶，打开引风机B动叶，减小送风机A的动叶，并使引风机A的动叶自动减小。

（2）维持氧量稳定，炉膛压力稳定。

（3）调整至当送风机B动叶、引风机B动叶与A侧风机基本一致，2019年11月28日03:59机组稳定运行，机组负荷530MW。

（4）在并列投运送、引风机B过程中注意燃烧的稳定，注意运行送、引风机的各项参数的稳定，禁止风机超电流运行。

（5）确认风烟系统和制粉系统运行正常。

5.2.3.5　试验结果

单侧一次风机运行出力试验机组出力为510MW，一次风机的动叶开度为75.1%，运行电流为124.6A，低于额定电流175A，一次风机尚有余量。

单侧送引风机运行出力试验机组出力为515MW，引风机的动叶开度为90.2%，运行电流为511.1A。送风机动叶开度为92.5%，运行电流为97.0A。送引风机余量不大。

5.2.4　锅炉RB试验

5.2.4.1　试验目的

检验机组在正常运行时遭遇多台磨煤机、单侧送风机、单侧引风机、单侧一次风机发生故障跳闸而使机组出力受到限制时，自动控制系统将机组负荷快速由高负荷（大于RUNBACK触发负荷）按预定的速率向预定的RUNBACK目标负荷顺利过渡的能力，RUNBACK功能试验是对机组自动控制系统性能和功能的强烈考验。

通过RB试验，整定RUNBACK控制参数，保证发生RB工况时，自动系统能自动快速减负荷，并保证机组安全运行。

5.2.4.2　RUNBACK过程

1. RUNBACK过程

机组控制处在协调方式，机组负荷大于RUNBACK触发负荷，磨煤机、送风机、引风机、一次风机等这4种辅机出现跳闸，使机组出力低于负荷请求时，将产生RUNBACK工况：

（1）负荷指令按一定的速率减少，直到负荷指令输出等于相应设备RUNBACK目标负荷的对应值。

（2）RUNBACK触发后根据相应的RUNBACK目标负荷切、投燃料。

2. RUNBACK功能

机组DCS组态软件中设置的RB功能有：

（1）RB目标负荷（锅炉主控指令）：LOAD/BD=BD×MN(MIN>=460MW)/MW。

其中：LOAD/BD 为负荷目标/锅炉主控指令目标；BD 为 RB 触发前锅炉主控指令最后记录值；MN（MIN>=460MW）为剩余辅机最大出力之间取小值，最小值 460MW；MW 为 RB 触发前实际负荷最后记录值。

单台辅机最大出力见表 5-1。

表 5-1　　　　　　　　　　　单台辅机最大出力

单台辅机最大出力	送风机	引风机	一次风机	磨煤机
	500	500	500	166.7

单台辅机最大负荷变化率见表 5-2。

表 5-2　　　　　　　　　　单台辅机最大负荷变化率

速率	送风机 RB	引风机 RB	一次风机 RB	磨煤机 RB
	300MW/min（81%）	300MW/min（81%）	400MW/min（133%）	300MW/min（81%）

单台辅机最大主蒸汽压力下降速率见表 5-3。

表 5-3　　　　　　　　　单台辅机最大主蒸汽压力下降速率

速率	送风机 RB	引风机 RB	一次风机 RB	磨煤机 RB
	1.3MPa/min	1.3MPa/min	2.1MPa/min	1.0MPa/min

（2）非磨煤机跳闸 RB 工况发生时，磨煤机跳闸顺序为：F→E→D，间隔时间为 10s（其中一次风机 RB 时为 5s，其他 RB 时间隔时间为 10s），最终保留 3 台磨煤机运行。

（3）RB 动作时相对应燃料量下的负荷—压力目标值为滑压方式。负荷—压力目标值滑压曲线见表 5-4。

表 5-4　　　　　　　　　　负荷—压力目标值滑压曲线

功率（MW）	300	500	850	900	950	1000
压力（MPa）	14.4	19.9	29.5	30.8	31.4	31.8

（4）逻辑里面设计有 RB 功能投入按钮和 RB 功能切除按钮，用于 RB 功能投切。此外还设计 5 种 RB 功能切除回路：①RB 未动作时，实际负荷低于 390MW，延时 1s，或总燃料量低于 100，延时 1s；②RB 动作 60S 后，负荷 10S 内下降趋势不超过 5MW，或主蒸汽压力 10s 内下降趋势不超过 0.3；③RB 未动作，给水或者负压在手动；④RB 动作 30s 后实际负荷小于所有辅机最大出力（下限 450MW）；⑤RB 动作后时间超过 360s 复位。不管哪一种 RB 复位，锅炉主控制器均切至手动，机组保持 TF 方式不变。

（5）引风机 RB 时，引风机动叶会快开（最大开度根据风机最大出力试验决定）。

（6）送风机 RB 时，送风机动叶会快开（最大开度根据风机最大出力试验决定）。

（7）一次风机 RB 时，一次风机动叶会快开（最大开度根据风机最大出力试验决定）。

（8）RB 过程中，中间点温度修正禁增、禁减 60s，RB 结束后，走正常调节回路。

（9）RB 动作后，氧量切手动。

（10）RB 过程中，RB 动作后，所有减温水强关 60s。

（11）RB 动作后 BTU 切手动，且停止计算。

5.2.4.3　RUNBACK 功能试验

1. 制粉系统两台磨煤机 90％负荷 RUNBACK 功能试验

制粉系统单台磨煤机 90％负荷 RB 试验于 2020 年 1 月 13 日 10:32 开始，A、B、C、D、F 共 5 台磨煤机运行，机组负荷为 901.7MW，主蒸汽温度为 594.18℃，一次再热蒸汽温度为 604.59℃，二次再热蒸汽温度为 615.78℃，炉膛压力为－108.67Pa，由运行人员操作站手动停止 F 磨煤机，5s 后手动打闸 D 磨煤机，触发制粉系统 RB。RB 发生后，锅炉主控指令以 83.3％BMCR 的速率由 334.33 下降到 185.44，实际给煤量由 334.33 迅速下降到 185.44，整个 RB 过程中，炉膛压力最低为－777.28Pa；主蒸汽温度最低为 557.03℃；一次再热蒸汽温度最低为 570.95℃；二次再热蒸汽温度最低为 584.29℃。整个 RB 过程中运行人员未进行手动干预，各主要参数自动控制，效果良好，2 台磨煤机 90％负荷 RB 试验顺利完成，RB 过程记录曲线如图 5-4、图 5-5 所示。

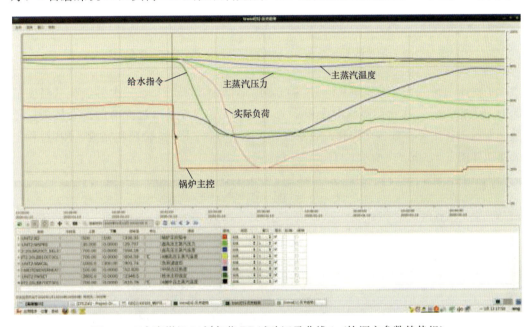

图 5-4　2 台磨煤机 90％负荷 RB 试验记录曲线 1（协调主参数趋势组）

2. 风烟系统单侧送/引风机 90％负荷 RUNBACK 功能试验

风烟系统单侧送/引风机 90％负荷 RB 试验于 2020 年 1 月 13 日 14:23 开始，A、B、C、D、F 共 5 台磨煤机运行，机组负荷为 903.33MW，主蒸汽温度为 590.28℃，一次再热蒸汽温度为 603.13℃，二次再热蒸汽温度为 614.98℃，炉膛压力为－128.21Pa，由热控人员模拟 A 引风机轴承温度保护跳闸 A 引风机，触发引风机 RB，本工程同侧送/引风机联锁互跳，A 送风机联锁跳闸。RB 发生后，锅炉主控指令以 83.3％BMCR 的速率由 348.16 下降到 192.91，实际给煤量由 348.16 下降到 192.91，整个 RB 过程

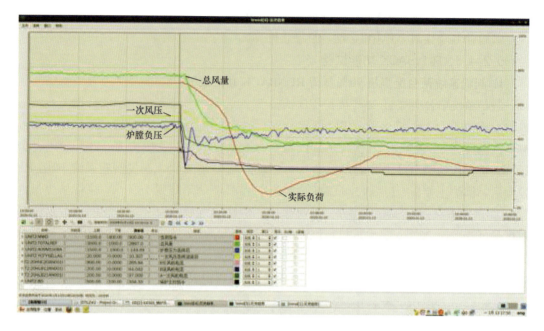

图 5-5　2 台磨煤机 90％负荷 RB 试验记录曲线 2（送引风一次风趋势组）

中，炉膛压力最低为 −416.36Pa，主蒸汽温度最低为 578.51℃，一次再热蒸汽温度最低为 567.69℃，二次再热蒸汽温度最低为 581.88℃。整个 RB 过程中运行人员未进行手动干预，各主要参数自动控制，效果良好，送/引风机 RB 试验顺利完成，RB 过程记录曲线如图 5-6、图 5-7 所示。

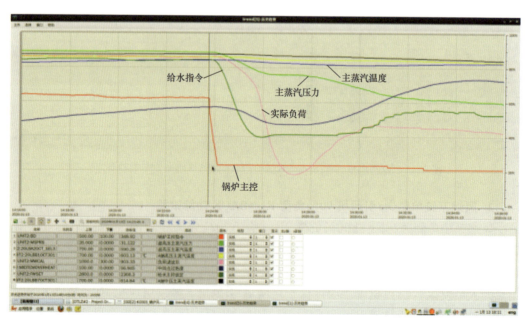

图 5-6　单侧送/引风机 90％负荷 RB 试验记录曲线 1（协调主参数趋势组）

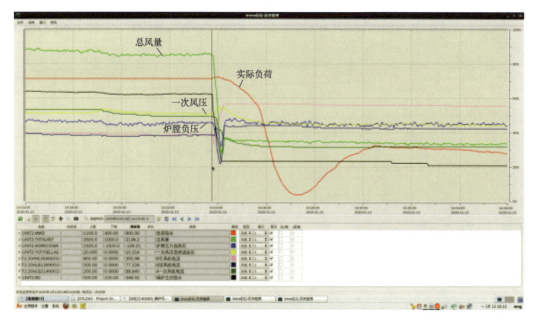

图 5-7　单侧送/引风机 90％负荷 RB 试验记录曲线 2（送引风一次风趋势组）

3. 风烟系统单侧一次风机 92％负荷 RUNBACK 功能试验

风烟系统单侧一次风机 92％负荷 RB 试验于 2020 年 1 月 13 日 15:59 开始，A、B、C、D、F 共 5 台磨煤机运行，机组负荷为 901.69MW，主蒸汽温度为 588.32℃，一次再热蒸汽温度为 604.83℃，二次再热蒸汽温度为 614.53℃，炉膛压力为 −150.18Pa，由热控人员模拟 B 一次风机轴承温度保护跳闸 B 一次风机，触发一次风机 RB。RB 发生后，锅炉主控指令以 133％BMCR 的速率由 330.55 下降到 183.11，实际给煤量由 330.55 下降到 183.11，整个 RB 过程中，炉膛压力最高为 +518.93Pa，炉膛压力最低为 −653.24Pa，负压波动 48s 稳定，一次风压最低为 6.7kPa，波动 32s 稳定，主蒸汽温度最低为 541.9℃，一次再热蒸汽温度最低为 559.81℃，二次再热蒸汽温度最低为 573.64℃。整个 RB 过程中运行人员未进行手动干预，各主要参数自动控制，效果良好，一次风机 RB 试验顺利完成，RB 过程记录曲线如图 5-8、图 5-9 所示。

5.2.4.4　RUNBACK 功能优化

根据 RB 试验以及机组运行的实际经验，对 RB 控制回路进行了优化。

（1）由于二次再热机组主蒸汽压力下降速率比常规一次再热机组要快，如果给水流量下降太快，DEH（汽轮机数字电液控制系统）为了按照设计速率降压，会导致 RB 中后期 DEH 调门关闭过小、造成汽轮机鼓风效应，容易触发高排温度控制，带来危险。在给水主控中，增加了给水指令生成变参数速率限制回路。在 RB 触发后，前期快速将给水减下来，后期逐步缓慢平稳过渡，很好地解决了这一问题。保证了主蒸汽温度的同时，汽轮机高排温度和压力下降速率、调门动作幅度均控制优良。优化部分如图 5-10 所示。

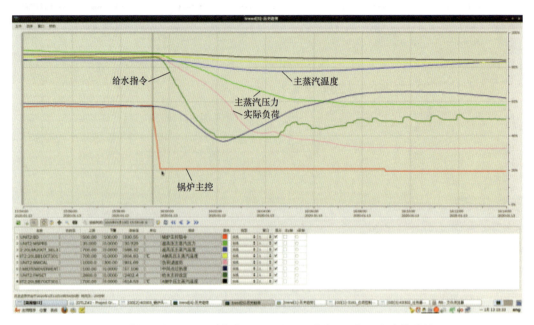

图 5-8　单侧一次风机 92％负荷 RB 试验记录曲线 1（协调主参数趋势组）

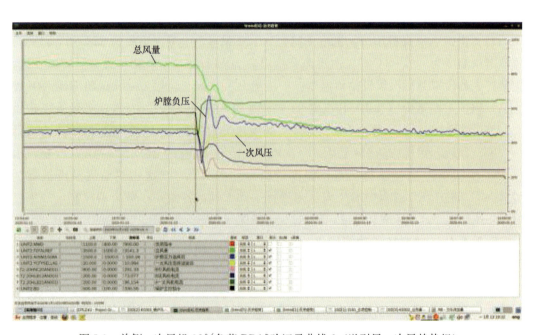

图 5-9　单侧一次风机 92％负荷 RB 试验记录曲线 2（送引风—一次风趋势组）

（2）同样为了防止 RB 中后期 DEH 调门关闭过小、造成汽轮机鼓风效应，触发高排温度控制，在 DEH 压力设定回路增加了备用微调回路，当汽轮机调门综合流量指令下降到风险较大区域时，适当的调整压力目标曲线，如图 5-11 所示。

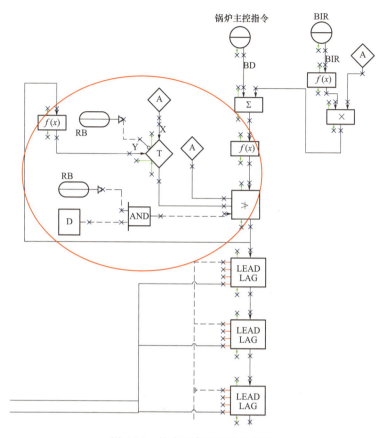

图 5-10　给水速率控制优化逻辑

5.2.5　汽轮机甩负荷试验

5.2.5.1　汽轮机 50％甩负荷

1. 试验前准备

（1）高、中、低旁热备用，控制主蒸汽压力为 10～12MPa，一次再热蒸汽压力为 2～2.5MPa，二次再热蒸汽压力为 0.7～1.0MPa。

（2）甩负荷前厂用电切启备变带。

（3）解除部分保护：发电机跳汽轮机保护，锅炉 MFT 跳汽轮机，锅炉 MFT 跳电泵，锅炉 MFT 跳汽动给水泵，省煤器入口流量低 MFT，炉膛负压偏差大解除自动取消，A、B 磨煤机停磨联关冷热风关断门及磨出口气动插板门。

2. 试验过程

（1）2019 年 11 月 14 日，进行汽轮机 50％甩负荷试验，试验前主蒸汽压力为 17.3MPa，试验前各辅助设备运转正常，各运行参数稳定。

（2）02:13，试验倒数计时 30s。

（3）倒计时 10s：停止 C 磨煤机（A/B/C 磨煤机运行）。

（4）倒计时 5s：B 磨煤减至 25t，A 磨煤减至 40t，维持总煤量 65t 稳定，给水泵汽轮机开始降速至 2800r/min，手动全开给水泵再循环。给水量目标 600t/h。

（5）倒计时 0s：高、中、低压旁路均开至 25%，断开发电机并网开关，开始汽轮机 50% 甩负荷，转子转速开始飞升，约 10s 转速最高飞升至 3068r/min，最终转速平稳回到 3000/min。

3. 试验结果计算及结论

超调量：
$$\varphi = \frac{n_{max} - n_0}{n_0} = \frac{3068 - 3000}{3000} = 2.2\%$$

转子加速度：$a = \Delta n / \Delta t = (3068 - 3000)/10 = 6.8(r/s^2)$

转子时间常数：$T_a = n_0/a = 3000/6.8 = 441.7(s)$

转子旋转角速度：$\omega_0 = 2\pi n_0 = 2 \times 3.14 \times 50 = 314(rad/s)$

转子转动惯量：$J = 1000 \times T_a \times P_0/(\omega_0^2 \times \eta)$
$$= 1000 \times 441.7 \times 500\,000/(314^2 \times 0.98)$$
$$= 2\,285\,662.12\,(kg/m^2)$$

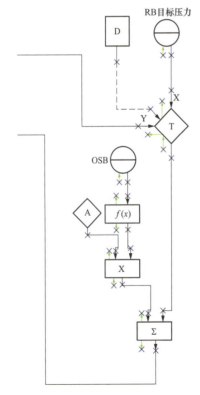

图 5-11　DEH 压力设定微调回路

机组甩 50% 负荷转速超调量 2.2% < 5%，DEH 系统调节快速、准确；发电机未超压；锅炉安全门未动作。机组所有运行参数均在安全范围内，具备甩 100% 负荷的条件。

5.2.5.2　汽轮机 100% 甩负荷

2019 年 11 月 15 日，进行汽轮机 100% 甩负荷试验，试验前主蒸汽压力为 30.4MPa，试验前各辅助设备运转正常，各运行参数稳定。14:05，断开发电机并网开关，开始汽轮机 100% 甩负荷，转子转速开始飞升，约 12s 转速最高飞升至 3108r/min，最终转速平稳回至 3000r/min。转速动态超调量为 3.6% < 10%，转子转动惯量 3 449 450.69kg/m²。

5.2.5.3　试验注意事项

1. 调整汽动给水泵和旁路系统，防止给水中断

汽轮机甩 500MW 负荷试验，汽轮机汽阀会瞬时关闭，导致锅炉憋压，汽动给水泵出力受阻，锅炉水循环极易出现断水现象。同时，因为雷州电厂安装的是 100% 汽动给水泵，启动炉供汽不能满足汽动给水泵组高负荷段的用汽量，因此还需要保证小汽轮机高压汽源（二段冷再）的稳定，防止汽动给水泵处理下降，锅炉出现断水。

如何控制锅炉不断水，我们可以通过以下几种手段进行调整：

（1）发电机解列后立即开大高旁至 25% 以上，同时开大中、低旁开度，维持主蒸汽压力为 10～12MPa，一次再热蒸汽压力为 2～2.5MPa，二次再热蒸汽压力为 0.7～1.0MPa。

（2）试验前将汽动给水泵的控制方式由"自动跟踪"切换为"汽动给水泵转速手动"，最小流量装置切换至"手动"、全开位置，试验过程中操作员手动调整锅炉给水流量维持在最小流量。

2. 空负荷阶段，汽轮机排汽温度高

蒸汽进入汽轮机冲动动叶片，将一部分能量转换为机械能维持汽轮机所需的转速。同时没有工作汽流通过的那部分动叶片，在旋转时将带动周围的蒸汽一起转动，当叶片的进出口角度不相等时，就会像鼓风机一样，将蒸汽从叶轮的一侧鼓到另版一侧，叶片与蒸汽摩擦生热，会使排汽温度升高。所以汽轮机在低负荷或空负荷时，鼓风摩擦会使排汽温度升高。

国内目前在启、停机和空负荷阶段控制排汽温度最常用的手段是通过在汽轮机排汽管道上安装通风阀接至凝汽器，利用凝汽器内的真空将鼓风摩擦造成的热量抽出。但是在进行汽轮机50％甩负荷试验的时候，除了鼓风摩擦外还受以下几点的影响，导致通风阀仍不能满足工况需求，极易造成汽轮机排汽温度高：

（1）甩负荷前，主、再热蒸汽压力及温度选择不合理。

（2）旁路操作不当，造成锅炉憋压或者排汽逆止阀关闭。

（3）锅炉燃料调整不及时，锅炉热负荷高。

（4）汽轮机长时间空负荷运行。

5.2.6 号发电机进相试验

5.2.6.1 试验目的

考察机组本身的进相运行能力（如发热、振动等）；考察机组的系统性限制因素（如静稳极限、端电压下降程度等）；检验发电机保护及自动装置对进相运行的适应性；检验当前主变压器抽头位置对进相运行的适应性；检验对厂用电辅机的影响；考察机组进相运行时对电网的调相调压作用；根据试验结果绘制 P-Q 曲线或给出推荐数值，作为生产调度的依据。

5.2.6.2 试验内容

1. 低励限制校核

（1）机组并网前，保持发电机在额定转速和额定电压工况下，校准发电机初始功角。

（2）机组并网，且按正常工况调至80％额定负荷运行状态，滞相运行，投入 PSS。

（3）检查无异常后，按照表5-5临时修改低励限制整定值，调整发电机无功为0MVar，逐渐减磁使低励限制动作，录取低励限制动作时的相关电气量。低励限制功能试验结束后，按表5-5修改低励限制整定值作为试验时低励限制值，正式定值由进相试验报告给出。

表5-5   低励限制临时定值

有功(MW)	0	200	400	600	800	1000	1112
无功(MVar)	0	0	0	0	0	0	0

2. 100%负荷进相深度试验

（1）增磁增加无功至滞相状态，缓慢平稳调整发电机有功至100％负荷工况点。

（2）逐步减少试验机组无功出力，并在每减少10～20MVar的无功时记录测量数据，直到其中任一条件受到限制为止。当1号机组进相深度较高，引起机端和系统电压大幅降低时，2号机组向系统发出无功确保试验继续。

（3）记录数据应包含：发电机三相电压U_G、有功P_G、无功Q_G、功率因数$\cos\varphi$、功角δ、转速n、发电机温度、励磁电压U_L、励磁电流I_L、500kV母线电压U_S、10kVA和B段母线电压，锅炉和汽轮机PCA和B段母线电压、保安段A和B段电压等。

3. 100%负荷温升试验

机组运行在100％负荷时，进相深度达到最大时，保持机组有功和无功稳定，每隔10min读取发电机温度值。

4. 100%负荷调相调压试验

机组运行在100％负荷时，最大进相深度温升试验结束时，尽量保持附近机组有功和无功稳定，将试验机组无功从最大进相深度快速增大到0MVar，同时记录无功增加前后500kV母线电压。75％和50％负荷下的进相试验按本节第2项"100％负荷进相深度试验"中的（1）、（2）、（3）步骤重复进行。

5. 试验结束

拆除接线，恢复失磁保护定值及低励限制至试验前状态，根据调度令调整运行方式（进相区间宜取功角70°时的无功为边界，低励限制整定需要配合该条件）。

6. 试验时各母线电压数据

试验时各母线电压数据见表5-6、表5-7。

1月11日1、2号机组运行，1A、1B（2A、2B）汽轮机变压器、锅炉变压器分接头挡位由3挡调至4挡，其他干式变中间挡位，380V脱硫A、B段试验时采用串带方式。

表5-6　　　　　　　　1号机组进相试验前各母线电压情况

500kV 系统 (kV)	10kV A 段 (kV)	10kV B 段 (kV)	380V 汽轮机 A 段 (V)	380V 汽轮机 B 段 (V)	380V 锅炉 A 段 (V)	380V 锅炉 B 段 (V)
540.3	10.4	10.4	398.7	403.5	400	400
380V 保安 A 段 (V)	380V 保安 B 段 (V)	380V 电除尘 A 段 (V)	380V 电除尘 B 段 (V)	380V 脱硫 A 段 (V)	380V 脱硫 B 段 (V)	
396.3	398.0	392.4	390.7	381.8	379.8	

表5-7　　　　　　　　2号机组进相试验前各母线电压情况

500kV 系统 (kV)	10kVA 段 (kV)	10kVB 段 (kV)	380V 汽轮机 A 段 (V)	380V 汽轮机 B 段 (V)	380V 锅炉 A 段 (V)	380V 锅炉 B 段 (V)
540.3	10.5	10.4	403.3	402.1	400.9	401.8
380V 保安 A 段 (V)	380V 保安 B 段 (V)	380V 电除尘 A 段 (V)	380V 电除尘 B 段 (V)	380V 脱硫 A 段 (V)	380V 脱硫 B 段 (V)	
399.3	400.7	387.9	394.5	381.8	379.8	

5.2.6.3 试验经过

1.1 号机组在 50%、75%、100% 三个负荷点的进相数据

1 号机组在 50%、75%、100% 三个负荷点的进相数据见表 5-8、表 5-9。

表 5-8 1 号发电机最大进相试验电气参数

序号	P(MW)	Q(MVar)	U_G(kV)	I_G(kA)	转子电压(V)	转子电流(A)
1	498	−343	25.1	13.9	140.7	2242
2	750	−298	25.1	18.6	220.1	3440
3	1000	−254	25.3	23.6	303.1	4607

序号	$\cos\phi$	δ_G(度)	U 系统(kV)	10kV 母线	380V 保安段	
1	0.82	84.9	532.4	9.5	362.0	
2	0.93	83.0	529.9	9.5	359.9	
3	0.97	81.7	531.7	9.5	359.3	

表 5-9 1 号发电机最大进相试验温度

序号	P(MW)	Q(MVar)	铁芯温度1 (℃)	铁芯温度2 (℃)	铁芯温度3 (℃)	绕组温度1 (℃)	绕组温度2 (℃)	绕组温度3 (℃)
1	498	−343	70.6	66.8	68.6	51.2	51.3	50.2
2	750	−298	87.3	82.2	86.5	57.3	58.1	57.1
3	1000	−254	102.2	97.6	103.5	59.1	59.4	58.5

2.2 号机组在 50%、75%、100% 三个负荷点的进相数据

2 号机组在 50%、75%、100% 三个负荷点的进相数据见表 5-10、表 5-11。

表 5-10 2 号发电机最大进相试验电气参数

序号	P(MW)	Q(MVar)	U_G(kV)	I_G(kA)	转子电压(V)	转子电流(A)
1	503	−331	25.07	13.85	146.2	2091
2	750	−285	25.25	18.37	219.5	3168
3	1000	−254	25.23	23.63	300.1	5231

序号	$\cos\phi$	δ_G(度)	U 系统(kV)	10kV 母线	380V 保安段	
1	0.835 4	83.4	531.32	9.5	365.6	
2	0.934 8	82.4	532.7	9.5	366.5	
3	0.969 2	82.3	532.4	95	364.0	

表 5-11 2 号发电机最大进相试验温度

序号	P (MW)	Q (MVar)	铁芯温度1 (℃)	铁芯温度2 (℃)	铁芯温度3 (℃)	绕组温度1 (℃)	绕组温度2 (℃)	绕组温度3 (℃)
1	503	−331	69.1	69.8	67.6	52.0	51.6	51.6
2	750	−285	78.8	78.4	75.7	53.1	52.7	52.7
3	1000	−254	98.7	92.9	93.1	59.6	59.6	59.4

5.2.6.4　受限制原因分析

从以上试验数据得出 1、2 号发电机进行能力非常接近，受厂用电母线电压影响最大。其中，1 号发电机组主要限制条件是发电机功角、发电机定子电流和厂用电电压，厂用电 10kV 和 400V 母线电压（保安 A 段）已达到限制值，构成进相运行的限制条件；2 号发电机组同样主要限制条件是发电机功角、发电机定子电流和厂用电电压，厂用电 10kV 母线电压达到受限条件，保安段电压进相能力比 1 号机组稍好。

另外，1、2 号主变压器应南网总调要求从 3 档调至 2 档，在一定程度上影响厂用电的进行能力。

5.2.6.5　解决措施

（1）可调整高压厂用变压器抽头，由目前的 27/10.5kV 挡位调整至 26.325/10.5kV 挡位。高压厂用变压器挡位调整后，经估算厂用电 10kV 和 400V 母线电压将不再受限，但是发电机功角、发电机定子电流受限加剧，10kV 和 400V 母线电压长期运行高限值，严重影响电气设备的使用寿命，增加故障概率。

（2）在发电机进相和迟相运行时厂用电电压变化大，厂用电自适应能力差，将高压厂用变压器更换至有载调压变压器，在发电机不同运行状态时，可根据运行情况实时调整厂用电电压，更换后厂用电电压将不会成为限制因素，但发电机定子电流和发电机功角也会成为限制进相的因素；同时更换变压器工程量大，投入多，不经济。

5.3　机组整套启动的问题及处理

5.3.1　六瓦顶轴油压下降，盘车卡涩

2019 年 9 月，建设单位对 1 号机主机润滑油、顶轴油系统外循环滤油工作结束，润滑油油质化验合格，颗粒度（SAE AS4059F）4 级、水分 46mg/l。调试单位对 1 号机主机润滑油、顶轴油系统进行调试。

9 月 20 日，1 号机主机顶轴油系统进行顶起高度整定试验。

10 月 23 日，进行汽轮机仿真试验，盘车自动退出。试验完毕后，启动顶轴油系统，发现盘车无法连续盘车，6 瓦顶轴油压力 1 较试验前明显下降，就地试手动盘车仍无法盘动主轴。

10 月 24 日，再次化验主机润滑油颗粒度（SAE AS4059F）5 级，水分 45.4mg/l，油质合格。重新对 1 号机主机顶轴油系统顶起高度整定，整定后手动盘车正常，投入连续运行盘车运行 8h 后停运。

10 月 25 日，投运 1 号机主机顶轴油系统，发现 3 瓦、6 瓦顶轴油压力较前日明显变化，手动盘车无法盘动。

查技术资料，顶轴油母管压力正常运行范围为 12.7～17.5MPa，顶轴油母管实际压力为 17.03MPa，满足顶轴油系统的要求。虽然润滑油油质 2 次化验均为合格，但是润滑油中仍有颗粒存在，各瓦顶轴油进油手动阀开度均较小，因此怀疑有可能 6 瓦顶轴

油进油手动阀阀芯卡有小颗粒，导致 6 瓦顶轴油压力不足以顶起主轴。技术人员决定通过降低顶轴油滤网后的压力调节阀整定值，使各瓦的顶轴油进油手动阀开度增大的方法，避免小颗粒物堵塞油系统。

10 月 28 日，调整 1 号机顶轴油母管压力至 16MPa；29 日重新整定 1 号机顶轴油定期高度。经过多次启停盘车及顶轴油系统试验，故障消除。

5.3.2 循环水泵出口蝶阀故障，循环水中断

2019 年 10 月 15 日，启动 1 号机 B 循环水泵的过程中，循泵出口蝶阀全关信号反馈未消失导致跳闸保护"循泵运行 10s 与泵出口压力大于 0.2MPa 且出口液控蝶阀全关"动作，循环水泵跳闸，联锁关闭出口蝶阀，由于出口液控蝶阀关限位未脱开，导致关闭指令无法发出，蝶阀实际未关闭。通过分析阀门结构和逻辑构成，发现以下问题：

一是循环水泵房采用露天布置，循泵蝶阀出口限位杆长时间受自然天气影响存在不同程度生锈的情况。1B 循泵启动后出口蝶阀实际已脱离全关位置，但全关限位反馈杆没有正常复位，导致在开启蝶阀的过程中触发保护跳闸条件动作。

二是循环水泵跳闸后，循环水泵出口蝶阀未能正常关闭的原因为：原设计的循环水泵液控蝶驱动级采用的是带中停功能的三位式电动门，该电动门驱动级如果关反馈在的情况下关指令无法下发，如图 5-12 所示。

针对以上问题，提出了如下解决方案：对循环水液控蝶阀驱动级替换，并增加部分辅助逻辑，改造后的驱动级在关反馈误发的情况下也能发出关指令，且具有中停功能，即实现了原驱动级所有功能又提高了逻辑可靠性，如图 5-13 所示。

5.3.3 轴封系统引起中压缸上下缸温差大

1 号机在首次整套启动时，因为锅炉需要进行长时间的热态冲洗，从汽轮机轴封、抽真空系统投入运行到汽轮机冲转经历了一个长周期的过程，在此过程中汽轮机中压缸的前部上、下 50% 缸温差和后部上、下 50% 缸温差逐步地上升大于 30℃（见图 5-14）。

在 DEH 启动步序过程中，装置将在指定步序判断汽轮机缸温差是否满足要求（上汽要求缸温差不大于 30℃）。若不满足条件，启动装置将定格在当前步序不再进行。因为中压缸没有缸体疏水，我们首先怀疑 4、5、6、7 段抽汽段存在疏水返汽造成汽轮机上下缸温差大，通过调取 DCS 画面数据发现，各抽汽口的温度并无异常变化且中压缸上缸温度大于下缸温度，因此排除了最初的怀疑。

我厂中压缸分为三层缸，即中压内缸、中压内外缸和中压外缸。中压外缸通过中低压联通管将中压缸排汽送至低压缸，同时中压缸的端部汽封也处在中压外缸中，如图 5-15所示。

中压缸的轴封蒸汽一部分通过轴封回汽系统回到轴封加热器，还有一部分轴封蒸汽则进入中压外缸，因为此时凝汽器已抽真空，所以中压缸内的轴封漏汽通过联通管进入到凝汽器，中压外缸上下缸温同步上升。

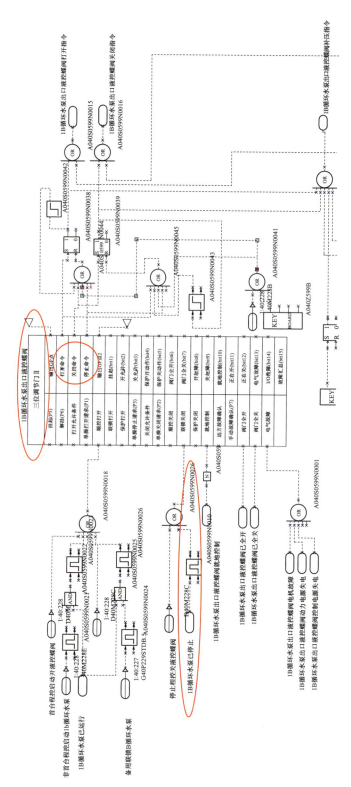

图 5-12　原设计的循环水泵出口液控蝶阀逻辑图

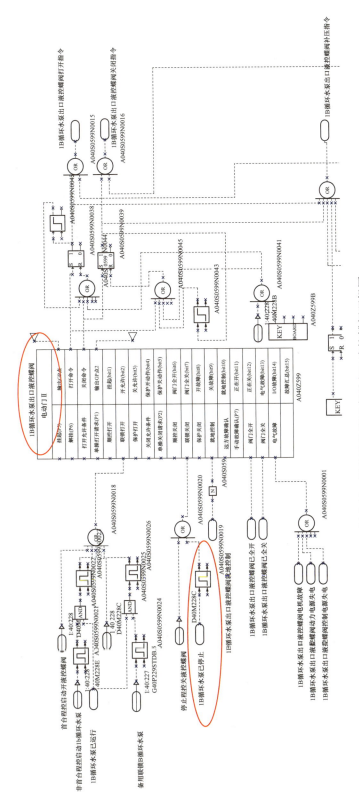

图 5-13 修改后的循环水泵出口液控蝶阀逻辑图

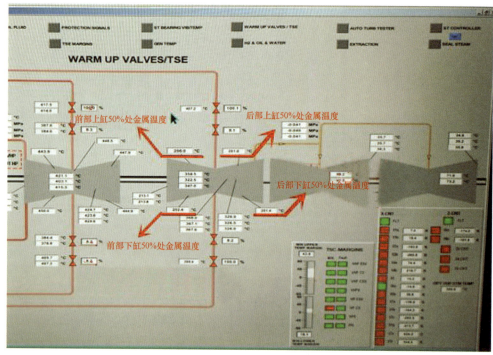

图 5-14　中压缸上下缸温差大

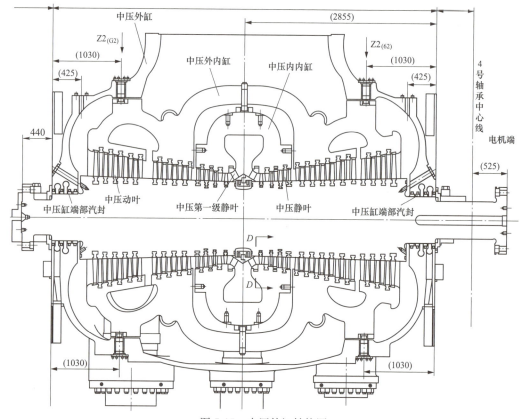

图 5-15　中压外缸结构图

同时轴封系统中超高压缸、高压缸内的一档轴封漏汽也接入中低压联通管，这就造成了中压缸内的轴封漏汽流通受阻。综上所述，经过和调试单位分析，并调研同类型机组泰州电厂，基本上可以判断为轴封长时间运行，中压缸内的轴封漏汽流通受阻导致了中压缸上下缸温差大。在锅炉吹管完毕后，我们在超高压缸、高压缸一档轴封漏汽至中低压联通管上加装一个电动闸阀，在汽轮机冲转前保持该电动闸阀关闭，中压缸温差大问题得到彻底解决。

5.3.4　凝结水系统海水侵入

2019 年 12 月 11 日，2 号机组整套启动过程中监盘发现凝结水精处理混床出口钠离子浓度上涨至 530μg/l，并且参数有持续上涨的趋势，值班人员通过手工测定精处理出口凝结水钠离子含量为 230μg/l，确定排除在线仪表故障，判断凝结水系统存在海水泄漏点。

凝结水系统窜入海水主要有两种原因：

（1）凝汽器钛管泄漏，循环水窜入凝汽器热井。

（2）凝汽器汽侧放水管道安装不合理，存在海水反窜。

2019 年 12 月 11 日 12:13，隔绝 2 号机主机凝汽器外圈循环水，观察凝泵出口钠离子浓度逐步降至 200μg/l，初步怀疑凝汽器外圈钛管存在泄漏点，安排安装单位进行凝汽器外圈查漏。

17:00，凝结水泵出口钠离子含量迅速上涨至 8950μg/l，硬度 48.8μmol/l，下令汽轮机打闸，凝汽器进行换水操作。经安装单位现场检查未发现凝汽器循环水外圈存在泄漏情况。

2019 年 12 月 13 日 07:00，主机凝汽器通过 2 天连续换水，凝结水泵出口钠离子含量为 5054μg/l，未见明显好转趋势。下令汽轮机退轴封，停真空，隔绝凝汽器内圈进行查漏。

隔绝凝汽器内圈之后，发现凝泵出口钠离子迅速下降，但是检查内圈循环水仍未找到漏点，通过对检查结果的分析，排除凝汽器钛管泄漏导致海水污染凝结水的可能，开始逐一对现场凝汽器汽侧疏放水管道进行排查。

最终，排查发现是凝汽器热井放水管道排放口安装在凝汽器排污坑液面以下，主机凝汽器抽真空后，排污坑海水通过热井放水管抽吸进入凝结水系统。将凝汽器热井放水管道进行割管处理后，凝结水钠离子浓度恢复正常。

5.3.5　2 号机甩负荷试验转速飞升

1. 事件发生前工况

2020 年 1 月 13 日 18:45，2 号机组准备做脱网甩负荷试验，机组负荷 496MW，超高压主蒸汽压力 17.5MPa，超高压主蒸汽温度 552℃，一次再热蒸汽压力 5.3MPa，一次再热蒸汽温度 545℃，二次再热汽压 1.4MPa，二次再热蒸汽温度 552℃，汽轮机转速

3002r/min，汽轮机在压力控制回路的初压模式下运行，综合阀位 87%。超高压调门阀位 31.7%，高压调门阀位 100%，中压调门阀位 100%。

2. 事件经过

18:45:39:230，2 号主变压器 500KV 断路器分闸，脱网信号触发，机组负荷设定突降至零；18:45:39:326，DEH 压力控制回路切至转速控制回路，综合阀位指令 OSB 从 87% 快切至 46%，0.8s 后 OSB 指令降为 0；18:45:39:425，超高压调节阀、高压调门以及中压调门同时开始关闭；18:45:39:880，实际负荷至零；18:45:39:932，超高压调节阀 1、2 阀位至 0；18:45:40:832，高压调节阀 2 阀位至 0；18:45:40:932，高压调节阀 1 阀位至 0；18:45:41:232，中压压调节阀 2 阀位至 0；18:45:41:432，中压压调节阀 1 阀位至 0；18:45:41:792，汽轮机转速飞升达最高值 3192r/min 后逐渐下降。

3. 事件分析

根据 DL/T 1270—2013《火力发电建设工程机组甩负荷试验导则》中第 5.20 条所描述：若第一次飞升转速超过 105% 额定转速，应中断试验，查明原因，具备条件后重新进行 50% 甩负荷试验。从本次甩负荷试验记录的参数曲线可知，汽轮机最高转速 3192r/min，超过 105% 额定转速，甩 50% 负荷试验失败。

对比 1 号机组在 11 月 14 日甩 50% 负荷试验历史曲线记录，除去动作延迟时间，超高压调阀关闭时间为 200ms，汽轮机转速飞升至最高 3068r/min，符合相关要求。

而本次试验除去动作延迟时间，超高压调节阀关闭时间为 507ms，高压调节阀 1、2 关闭时间分别为 1507ms 和 1407ms，中压调节阀关闭时间为 2007ms 和 1807ms，调速汽门没有快速遮断汽轮机进汽，是导致汽轮机转速飞升过高的直接原因。试验发生时综合阀位指令、各调门阀位指令、实际转速历史曲线如图 5-16 所示。

从 2 号机阀门静态试验历史数据可知快关电磁阀失电使油路泄油，调节汽门关闭时间 100~200ms，符合 DLT/711—1999《汽轮机调节控制系统试验导则》中要求的 600MW 以上机组调节汽阀油动机的总关闭时间小于 0.3s 的要求。因此，若通过动作快关电磁阀，阀门完全能快速关闭，有效控制转速飞升。而西门子 DEH 系统中快关电磁阀动作指令是由 FM458 的 FDO 卡硬回路输出，无法查询即时的历史记录，只能通过较为滞后的状态反馈判断本次 2 号机组甩 50% 负荷试验，增加了事件分析的难度。从本次现象分析，油动机只依靠伺服指令使调节汽门关闭，关闭时间较长，因此未能有效控制转速飞升。

通过进一步分析本厂 DEH 系统中关于机组甩负荷的控制逻辑，发现在机组甩负荷时，当调节阀位指令与实际阀位输出值偏差大于某一定值，调节汽门快关电磁阀应当动作使汽门快速关闭。如图 5-17 所示，2 号机组被圈中的 NCM 块中的 X2=−1.25，代表阀位指令要比当前实际阀位输出小 125%，该信号才触发。本次试验发生时超高压调节阀指令从 87% 突降至 45%，高中压调节阀指令从 100% 突降至 64%，没能触发该条件，因而本次试验快关电磁阀没有动作。查看 1 号机 DEH 逻辑中该 NCM 块中 X2=−0.25，即试验中调节阀指令与实际反馈偏差小于 −25% 使快关电磁阀动作，从而有效控制了转速飞升。由此证明，X2＝－0.25 更为合理。

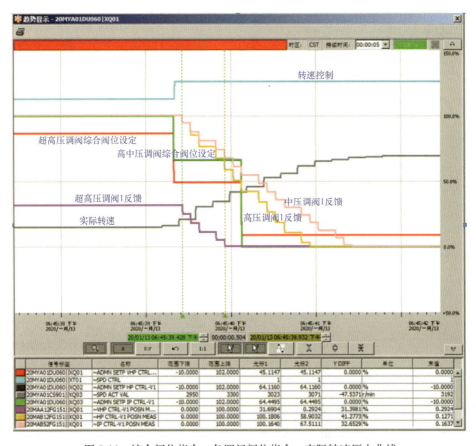

图 5-16　综合阀位指令、各调门阀位指令、实际转速历史曲线

因此可以判断 2 号机组 DEH 逻辑中存在不合理的参数设置导致阀门关闭时间过长，从而增大了飞升转速使试验失败。

在 2019 年 11 月 24 日，调试单位做了带阀门活动的混仿甩负荷试验，综合阀位输出从 87％掉到 17％，超高压调门阀位从 31％关到 4.8％的时间约 0.42s，直至所有调阀关闭，全关时间约 4.8s，快关电磁阀也没有动作。因汽轮机转速和实际负荷是通过计算出来的假数，从而仿真不出转速飞升的实际值，看不出结果是否达到规程要求。如图 5-18 所示。

5.3.6　分离器汽温偏差大导致燃料突变

1. 事件发生前工况

2020 年 5 月 7 日 05:03:06，1 号机组负荷 536MW，主蒸汽温度 587℃，主蒸汽压力 18.99MPa，一次再热蒸汽温度 599℃，一次再热蒸汽压力 5.36MPa，二次再热蒸汽温度 576℃，二次再热热蒸汽压力 1.68MPa。

A、B、C、D、E 磨煤机运行，A 给煤机瞬时煤量 43.77t/h，自动模式；B 给煤机

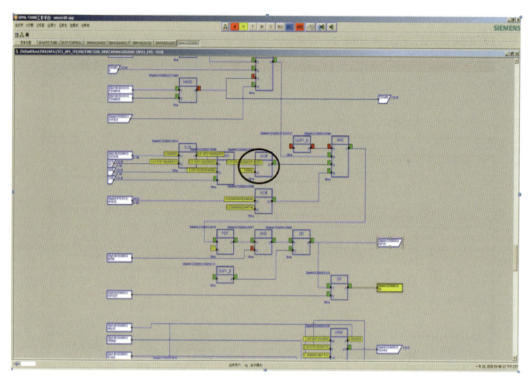

图 5-17 NCM 块中的 X2 值

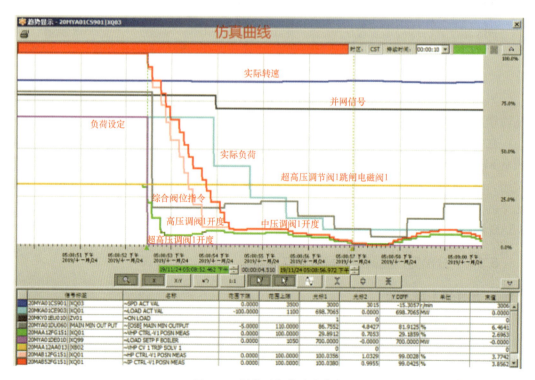

图 5-18 混仿甩负荷试验曲线

瞬时煤量 43.63t/h，自动模式；C 给煤机瞬时煤量 41.21t/h，手动模式；D 给煤机瞬时煤量 35.42t/h，手动模式；E 给煤机瞬时煤量 34.98t/h，手动模式。

2. 事件经过

05：03：08，A 汽水分离器出口蒸汽温度 433.79℃/434.51℃，B 汽水分离器出口蒸汽温度 465.10℃/463.31℃。分离器出口蒸汽温度品质坏、过热度品质坏。A 给煤机指令跳变至 100t/h、B 给煤机指令跳变至 100t/h，其他给煤机指令保持不变。

05：03：09，A 汽水分离器出口蒸汽温度 433.79℃/434.51℃，B 汽水分离器出口蒸汽温度 464.82℃/463.02℃。分离器出口蒸汽温度品质恢复、过热度品质恢复。B 给煤机指令跳变至 20t/h。

05：03：10，A 汽水分离器出口蒸汽温度 433.50℃/434.22℃，B 汽水分离器出口蒸汽温度 464.82℃/463.02℃。分离器出口蒸汽温度品质坏、过热度品质坏。B 给煤机指令跳变至 100t/h。05：03：11，A 给煤机瞬时煤量涨至 58t/h；A 给煤机煤量控制切自动。

05：03：13，B 给煤机瞬时煤量涨至 79.8t/h，B 给煤机煤量控制切自动（见图 5-19）；燃料主控自动切除（见图 5-20），锅炉主控自动切除，协调切除，机组切至 TF 模式，DEH 切至初压方式，一次调频退出。

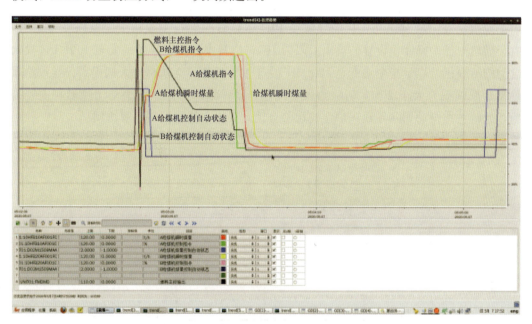

图 5-19　给煤量跳变及给煤量控制切自动

05：03：20，A 给煤机瞬时煤量涨至 99.67t/h；B 给煤机瞬时煤量涨至 99.74t/h；总煤量 312t/h。

3. 事件分析

A、B 侧汽水分离器出口蒸汽温度偏差大于 30℃（见图 5-21），取平均后的汽水分

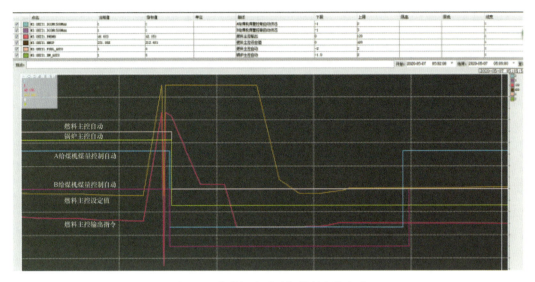

图 5-20　给煤机全手动切燃料主控自动

离器出口蒸汽温度坏品质，经过品质传递导致中间点温度控制输出坏品质，由于燃料主控指令形成回路中"取小"块设置了坏质量剔除逻辑，进而导致参与燃料主控计算的锅炉主控指令被切至 400t/h，从而导致经 PID 运算后的燃料主控指令阶跃跳变至最大，由于燃料主控手操器里设置的输出上限为 100，燃料主控输出指令跳变至 100t/h，投入自动的给煤机给煤量指令跳变至 100t/h，由于实际给煤量无法瞬时大幅提高，导致给煤量指令反馈偏差大于 20t/h 切除给煤量控制自动，给煤量控制全手动切除燃料主控自动，燃料主控自动切除导致锅炉主控切除自动，锅炉主控自动切除解协调。

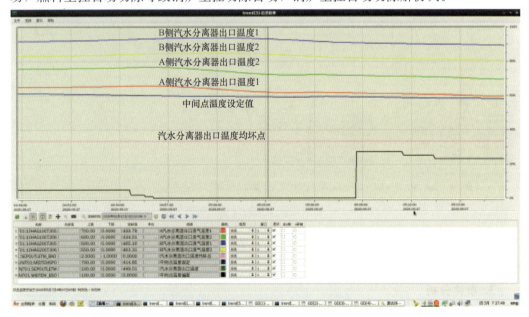

图 5-21　分离器出口蒸汽温度偏差大

检查发现锅炉 A 侧包墙旁路阀杆与电动头脱落，实际阀门未动作。A、B 侧包墙旁路电动门状态不一致，从顶棚管出口集箱至 A、B 侧汽水分离器汽水阻力不同，蒸汽流量分配不均，A、B 侧所流经的受热面不相同，导致 A、B 侧分离器出口蒸汽温度逐渐偏差达 30℃。

5.3.7 再热器受热面部分管屏温度高

5.3.7.1 问题描述

1 号炉调试期间，在一次再热蒸汽温度提升至额定 620℃时，发现局部高压高温再热器管屏壁温超过设计报警温度，以 108 管屏第 8 颗管管壁温度最为突出，其中 3、5～9 颗管偏高，第 17 屏中 3～10 颗管相对较高。具体如图 5-22 所示。

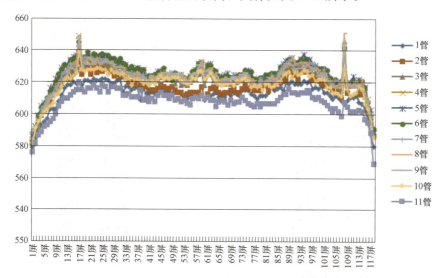

图 5-22　高压高温再热器壁温

5.3.7.2 技术分析

（1）由于吹灰器伸入距离不足，使处于双切圆锅炉中心线区域受热面积灰，炉管埋在灰中。

（2）管道内积存有杂物堵塞管道。

（3）设备组装工艺问题带来该管流量分配不均匀。

（4）管屏在集箱开孔时刚好在焊口附近，致使存在涡流影响流量分配。

（5）设计问题，在设计时存在流量偏差。

5.3.7.3 现场排查

（1）停炉后，对超温炉管所在区域进行排查，超温区域位于锅炉两侧而非中心，排除吹灰器影响因素。

（2）对超温区域炉管打开集箱进行手控内窥镜检查，管内清洁，无杂物、脱落氧化皮。

（3）设备制造厂回复理论设计数据不存在问题，由于设备已现场安装组装工艺不可查。

5.3.7.4 处理方案及结果

对于锅炉部分管屏存在超温问题解决方案：

（1）整屏割除超温受热面、集箱接口打堵。

（2）对超温管屏部分管圈割除，增大其他管圈蒸汽流量。

（3）整屏受热面进行缩短，减少吸热量。

本工程设备制造厂采取第 3 种方案，即对 17 号管屏整屏缩短 1350mm、108 号管屏整屏缩短 4000mm，具体如图 5-23 所示。

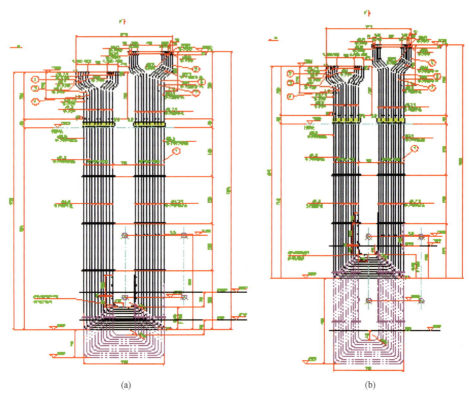

（a）   （b）

图 5-23 对 17 和 108 管屏整屏受热面进行缩短

（a）17 号管屏；（b）108 号管屏

通过以上处理，机组启动运行后，一再蒸汽温度为 620℃，高温高压再热器管壁温度最高为 644℃，安全稳定运行。

5.3.8 高排逆止门关闭卡涩

5.3.8.1 问题描述

2020 年 4 月 22 日，2 号机组停运时发现 2 号左侧高压缸排汽逆止阀缓慢关闭，关反馈未发出。就地检查左侧高排逆止门机械指示，阀门未关闭到位，开度约在 50%，阀门开度有变小趋势，但关闭速度十分缓慢，外力转动阀杆、敲振阀体靠近阀轴位置关闭到位。

5.3.8.2　问题分析

（1）阀门主要结构。阀门主要由驱动轴（含轴端密封）、阀轴和阀板（阀板通过键与销固定在阀轴上并与阀轴同步转动）、滑动轴承、过渡环和配套的执行机构构成。阀门主要结构如图 5-24 所示。

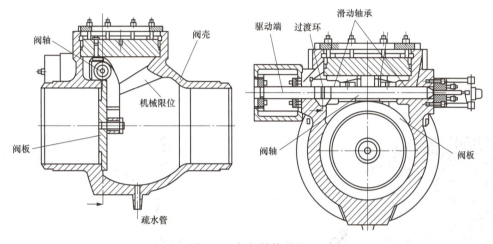

图 5-24　阀门结构示图

（2）阀门动作原理。驱动轴在过渡环处通过联轴结构与阀轴连接（联轴结构见图 5-25）。

1）阀门开启。正常关位置时，驱动轴与阀轴关面贴合；开阀时驱动轴可在执行机构驱动下旋转 90°，其中：驱动轴先转过 70°角空行程与阀轴开面贴合，然后可再转过 20°，带动阀轴同步开启阀板 20°。待汽轮机正常进汽运行后，驱动轴再关回 20°，此时阀板处于自由状态，阀板的开度完全由汽流决定。

2）阀门关闭。当汽缸不进汽时，阀板靠自身重力可自由落下；同时，在接到关指令后，气动执行机构带动驱动轴回关，为阀门关闭提供辅助力。

3）阀板开启角度校核。通过现场测量，阀板开启 70°即达到机械限位，如图 5-26 所示。

综上分析如下：

（1）阀板实际行程只有 70°。

（2）按阀门动作原理，驱动轴在先开启 90°再回转 20°时，既不向阀板额外提供开启驱动力，也不限制阀门全开。

5.3.8.3　解体检查情况

阀门解体后，发现过渡环处的驱动轴与阀轴在圆周方向变形较严重，且过渡环内部磨损深度约 1mm（见图 5-27）。

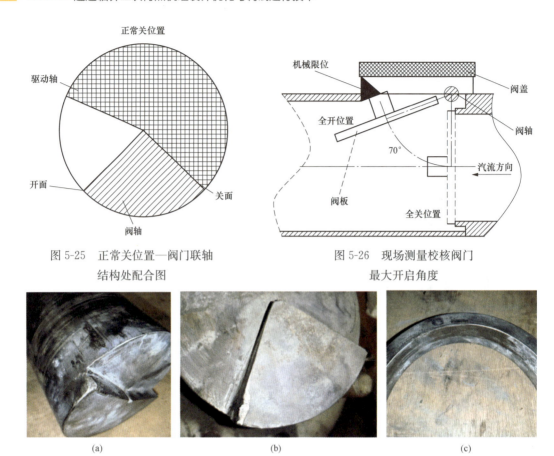

图 5-25　正常关位置—阀门联轴　　　　图 5-26　现场测量校核阀门
　　　　　结构处配合图　　　　　　　　　　　　最大开启角度

图 5-27　阀门解体检查情况
（a）驱动轴开面变形情况；（b）阀轴开面变形情况；（c）过渡环磨损情况

5.3.8.4　原因分析

（1）阀门出厂"关位置"装配错误。"关位置"时，驱动轴与阀轴应在关面位置贴合，但错装为"开面"贴合（见图 5-28 "故障关位置"示意）。

错装使驱动轴应有的 70°空行程消失，驱动轴与阀轴同步转动。但因行程差的存在——阀板转动 70°后即到机械限位，驱动轴却继续以 4350Nm 的扭矩持续提供驱动力，造成过渡环处的联轴结构在"开面"挤压变形，最终与过渡环产生动静摩擦，这部分的动静碰磨，为引起阀门卡涩无法关闭严密的根本原因。

（2）阀门气动执行机构调转 45°后，关阀指令时，驱动轴无法压到阀轴关面，因此无法为阀门关闭提供辅助力（见图 5-29）；阀板的自重又不足以克服联轴结构处的变形产生的摩擦阻力，因此阀门无法快速全关。气动执行机调转角度不够，导致阀门辅助关闭力不足，是阀门关闭不严密的直接原因。

5.3.8.5　处理结果

对卡涩逆止门进行了检修，恢复联轴结构的正确装配位置、恢复气动执行机构的正确安装位置，并检查了机组未卡涩的同类型高排逆止门，发现了同样的隐患，也已处理

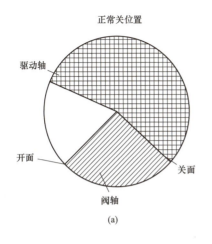

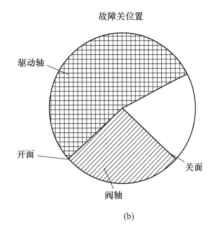

图 5-28　正常/故障关位置-阀门联轴结构处配合图

（a）正常关位置；（b）故障关位置

完毕，试运阀门动作正常。

5.3.9　启机暖阀失败

5.3.9.1　问题描述

2020 年 2 月 19 日 03：40，1 号机组主蒸汽压力 2.468MPa，主蒸汽温度 287℃，A 给煤机运行，总煤量 46t/h，一次再热蒸汽压力 0.39MPa，二次再热蒸汽压力 0.054MPa，给水流量 722t/h，炉膛压力－86.69Pa，A、B 送、引、一次风机并列运行，1 号超高压主汽门 50% 温度 194.5℃，1 号超高压主汽门 100% 温度 220.4℃，1 号高压主汽门 50% 温度 160℃，1 号高压主汽门 100% 温 160.4℃，汽轮机启机顺控投入。

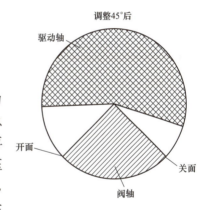

图 5-29　气动执行机构调整 45°联轴结构处配合图（关位置）

05：43：43，启机顺控步序停留在第 11 步，B 侧二再蒸汽过热度条件不满足，运行人员在集控室手动打闸，快关电磁阀故障跳机信号被置位，汽轮机启机顺控结束运行。

05：46：10，运行人员再次投入启机顺控。

06：07：55，启机顺控步序停留在 13 步，X2 准则偏差大于 5℃，启机顺控启动暖阀顺控。暖阀顺控第 1 步启动，发出复位首出指令，但由于快关电磁阀故障跳闸信号未复位，暖阀顺控无法复位汽轮机已跳闸信号，暖阀顺控停留在第 1 步。

07：06：28，运行人员手动复位快关电磁阀故障信号，22s 后运行人员复位首出，暖阀步序第 1 步条件满足，进入暖阀步序第 2 步，超高压缸、高压缸快关电磁带电，满足条件后步序进入第 3 步，开启超高压缸和高压缸主汽门进行暖阀，等待 2min。

07：07：14，运行人员集控室手动打闸，超高压主汽门、高压主汽门关闭，快关电磁阀故障跳机信号被置位。

07:08:03，运行人员投入启机顺控。

07:42:06，顺控启机步序停留在第13步，运行人员手动干预启机顺控，手动跳过第13步，启机步序进入15步，快关电磁阀故障信号自动被复位，顺控开启主汽门，36s后主汽门关闭。

07:44:09，运行人员手动打闸，快关电磁阀故障跳机信号被置位，汽轮机启机顺控结束运行。

07:46:56，运行人员投入汽轮机启机顺控。

07:49:50，启机顺控进入第15步，快关电磁阀故障信号复位，25s后超高压主汽门、高压主汽门开启。

07:52:33，X2准则满足，暖阀顺控进入关机步序，汽轮机顺控停机。

08:05:01，运行投入启机顺控。

10:44:36，汽轮机开始冲转。

12:06:43，机组成功并网。

顺控启机过程曲线如图5-30所示。

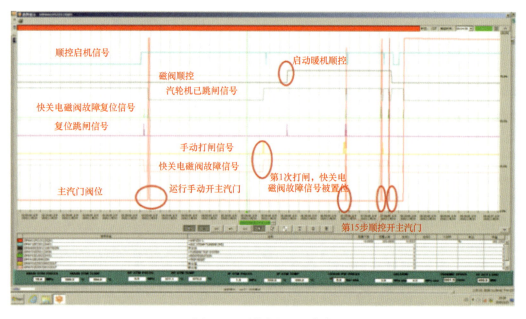

图 5-30　顺控启机过程曲线

5.3.9.2　原因分析

在机组第一次手动打闸时，集控室跳闸按钮常闭触点断开，汽轮机跳闸硬回路失电，DEH安全型卡件失电，DEH逻辑中快关电磁阀的Passt_out信号被置位，触发快关电磁阀故障跳机信号。在运行人员再次投入启机顺控，启机顺控步序进入13步后，由于X2准则不满足且温度偏差大于5℃，启机顺控启动暖阀顺控。暖阀顺控步序第1

步对跳闸信号进行复位，但是由于快关电磁阀故障信号一直存在，跳闸信号无法复位，导致暖阀顺控长时间停留在第 1 步，超高压主汽门和高压主汽门无法正常开启，机组无法进行正常暖阀。在随后的操作中，虽然快关电磁阀故障信号被多次复位，但又被打闸操作置位，导致暖阀顺控被迫中断，暖阀顺控无法正常运行。

经分析，机组顺控启机暖阀异常的主要原因是快关电磁阀故障信号未被复位，导致暖阀顺控无法正常执行，调门暖阀效果差。事后热工人员与运行人员在 2 号机组对当天启机过程进行模拟仿真，验证了上述结论。

5.3.10　AGC 试验异常

5.3.10.1　问题描述

2 号机组 AGC 指令 400MW 开始降负荷，汽轮机综合阀位关小导致降负荷初期压力上升，给水阻力增大，此时过热度快速上涨，水冷壁前墙出口集箱壁温同步快速上涨，最高涨至 590℃，过程中水冷壁中间集箱温度正常。

11:31，机组负荷 445MW，实际压力 20.8MPa，实际压力设定值 18.6MPa，偏差大于 2.0MPa，机组协调解除，切至初压方式，DEH 综合故障报警，负荷控制器设定闭锁。此时实际负荷为 445MW，目标负荷由 400MW 自动跟踪为当前负荷。

11:44，实际负荷 449MW，实际压力 18.67MPa，设定压力 18.33MPa，重新投入协调控制，目标负荷设定为 500MW，但实际负荷未涨。运行人员检查发现原因为 DEH 系统负荷控制器设定闭锁导致负荷无法增减，通知调试人员查找原因。

11:49，调试令重新投入初压模式。

11:51，手动复位负荷控制器设定闭锁，延时 2min 负荷控制器同步后，为提高机组综合阀位，运行人员将压力设定偏置向下调整，发现综合阀位并未增加反而减少，实际负荷也随之下降，压力随之升高。检查发现 DEH 系统虽然是初压模式，但负荷控制回路输出指令比压力回路输出指令小，通过强制小选器判断后 DEH 仍为负荷回路控制。

11:56，调试令将 DEH 切至限压模式，但因压力设定值与实际压力偏差大，切换至限压模式后立即自动切回初压模式，但此时压力设定值已自动跟踪至当前压力，调试继续查找原因。

12:01，检查发现 DEH 系统负荷控制与压力控制来回切换，但负荷基本稳定，原因为负荷回路输出指令与压力回路输出指令相重合并上下波动，经小选器判定后导致两个回路来回切换。

12:03，调试令将 DEH 切至限压模式，在 DEH 系统输入负荷指令 550MW，机组开始涨负荷，负荷回路输出指令与压力回路输出指令脱离重合区域，DEH 稳定为负荷回路控制，实际压力与压力设定跟踪正常，重新投入协调正常。

5.3.10.2　原因分析

（1）水冷壁超温点集中在前墙水冷壁出口集箱区域，原因为低负荷时 C、D、E 磨煤机运行的方式导致该区域热量过于集中，且机组正处于降负荷过程，降负荷初期因汽轮机综合阀位关小导致压力上升，给水阻力增加，锅炉部分管壁介质流通量减少，该区域蓄热更加难以带走，导致该区域管壁超温。

（2）机组协调解除原因为机组降负荷时实际压力与压力设定偏差大于2MPa，DEH自动切至初压模式。

（3）机组协调切除后闭锁负荷增减原因是 DEH 切初压后，DEH 综合故障（CONTROLLER NOTOK）报出，导致负荷控制器设定闭锁（RELS SETP-CTRLS 报"BLOCK"和"STOP"）。

（4）DEH 负荷控制器设定闭锁手动复位后仍无法通过锅炉主控调整负荷，原因是负荷控制回路输出指令比压力回路输出指令小，通过强制小选器判断后 DEH 仍为负荷回路控制。

DEH 系统负荷回路和压力回路来回切换是因为两个回路输出量相重合且互相上下波动，经小选器判断后导致两个回路在来回"争抢"控制权。

5.3.11.1 防磨陶瓷脱落

机组调试期间，在对 1、2 号炉烟气再循环风机单体调试时发现，当风机转速提升至 800r/min 左右时，出现耐磨陶瓷片脱落问题（见图 5-31），就地检查能够听到明显陶瓷片脱落后撞击机壳异响，检查后发现烟气再循环风机采取燕尾槽安装耐磨陶瓷片（见图 5-32），陶瓷片在风机运行时脱落。

图 5-31　耐磨陶瓷片脱落情况

5.3.11.2 烟气再循环风机高温下停运盘车问题

由于烟气再循环风机为高温运行再循环风机，在机组运行中停运，存在风机转子变形抱死安全隐患。

针对问题，技术团队制定烟气再循环风机停运控制程序，在机组运行期间烟气再循

图 5-32 耐磨陶瓷片采用燕尾槽工艺

环风机发生停运时自动强制进行盘转，以使沉重的风机转子得到均匀冷却的降温，实现防止转子抱死目的。具体程序控制如下：

（1）烟气再循环风机变频模式正常停盘车。

1）DCS 画面电机变频器操作端→发指令至变频器停止→判断变频器指令下降至3.5%，联锁关闭再循环出口烟气挡板、关闭再循环风机入口烟气挡板，延时 1800s（暂定）停风机；

2）在烟气循环风机延时时间内，运行操作开启再循环风机入口烟气挡板，停止程序复位，可以操作升转速。

（2）烟气再循环风机工频模式正常停：DCS 发指令"停止"，风机停运，联锁关闭出口电动挡板。

（3）烟气再循环风机变频器调节操作端：变频器指令操作端调节窗口，指令和反馈修改为 0～100%。

（4）烟气再循环风机进口电动挡板。保护关：烟气再循环风机停运。

（5）烟气再循环风机出口电动挡板。

1）联锁开：变频模式烟气再循环风机启动运行且转速反馈大于 45r/min 或工频模式，烟气再循环风机启动运行延时 5s 联锁开启；

2）保护关：烟气再循环风机停运。

5.3.11.3 再循环风机出力偏小

锅炉运行情况为各烟气再循环风机运行转速需在 750r/min 以上且再循环烟气量达不到设计值。表 5-12 所示为设计烟气再循环比例及再循环烟气量。

烟气再循环风机入口烟气流量之和在 140t/h 左右，根据各个角再循环风量和约385.5t/h（取各个角显示循环风量之和）。烟气再循环风量分析如下：

（1）目前烟气再循环风机入口风量与各个角风量显示不对应。

（2）在机组高负荷时段，再循环风机按照大通宝富公司提供风机性能曲线，风机的很大一部分做功用在了克服风烟系统阻力上，实际作用于再循环烟气量的风量偏小。

（3）锅炉厂设计，一、二次再热蒸汽温度主要依靠再循环烟气量进行调节、尾部烟道挡板、燃烧器摆角辅助调节，减温水事故调节。而作为再热蒸汽温度主要调整手段的再循环烟气量偏小。

表 5-12　　　　　　　　　　设计烟气再循环比例及再循环烟气量

名称		单位	设计煤种						校核 1		校核 2
			BMCR	TRL	THA	75% THA	50% THA	30% BMCR	BMCR	TRL	BMCR
烟气再循环系统	烟气再循环比例	%	6.5	8.0	9.0	9.0	13.5	13.5	10.0	11.0	5.0
	再循环烟气量	t/h	227	274	298	242	253.1	236	342	367	177
	实际烟气量	t/h			120						

（4）根据烟气循环风机性能曲线分析，THA 工况点风机转速 815r/min，对应压头约 2560Pa；压头基本与风机设计一致（见图 5-33），从表计显示风量低于设计风量。

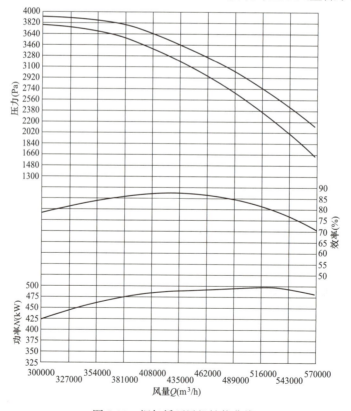

图 5-33　烟气循环风机性能曲线

5.3.11.4　烟气循环风机无法隔离

烟气再循环风机出入口设计为零泄漏烟气挡板，设计工艺为挡板门，挡板关闭后在挡板门中通入密封风，实现对高温烟气的隔断。在机组运行中发现，由于高温含尘烟气，该关断挡板不能可靠关断烟气，风机停运后，机壳温度高，不能实现在线检修。考虑加装关断阀门，实现在线检修。

5.3.11.5　烟气循环风机出口积灰

由于再循环烟气为高温含尘烟气，烟气再循环风机出口汇集为烟气母管，母管设计有 4 台集尘灰斗，在机组停运检查时发现灰斗中积灰较多，且为细灰，烟气母管集箱中积灰深度达到 300mm 左右，不易清理，建议加装输灰系统。

6

二次再热机组启动、停机控制

6.1　机组启动控制

6.1.1　二次再热机组启动方式

　　与一次再热机组相比，二次再热机组的启动参数更高，系统更复杂，稳定转速的难度更大。启动阶段流量低，需要控制排汽温度不因鼓风发热升高；阀门更多，转速控制困难等。所以选择合适的启动方式和冲转参数对汽轮机安全可靠启动起着重要的作用。

　　目前，国内生产的百万千瓦超超临界机组主要有高压缸启动方式、中压缸启动方式和高中压缸联合启动方式。哈汽厂引进西屋技术，机组多采用高压缸启动和高中压缸联合启动方式；东方汽轮机厂引进日立技术，为机组配置倒暖阀，可采用中压缸启动方式和高中压缸联合启动方式；上海汽轮机厂与西门子公司合作，常规百万千瓦机组多采用高中压缸联合启动方式。在实际冲转中，根据缸体、转子温度匹配蒸汽温度原则来确定具体的启动参数。

　　三缸联合启动方式指超高压缸、高压缸和中压缸三缸同时进汽，通过高、中、低压三级旁路系统流通多余蒸汽量，在 DEH 自动控制下实现机组 3000r/min 稳定运行。该启动方式可以实现三缸同时进汽，保证机组各缸受热均匀，有利于整个转动轴系的热应力平衡，可避免机组并网带负荷阶段的切缸恢复操作。但是，由于机组在启动初期，维持汽轮机 3000r/min 并不需要太大的进汽量，叶片鼓风摩擦产生的热量无法通过足够的蒸汽量被带走，会导致排汽温度较高。

　　双缸启动方式指机组在启动时切除超高压缸，主蒸汽全部经高压旁路流通，只在高压缸和中压缸同时进汽的情况下，通过 DEH 自动控制高中压缸调门开度，实现机组 3000r/min 稳定运行。在该启动方式下超高压缸没有进汽，而是通过超高排通风阀将超高压缸内的鼓风热量带入凝汽器。双缸启动方式切除超高压缸进汽的同时，必然会增加高压缸和中压缸的进汽量，这有利于带走汽轮机的鼓风摩擦产生的热量，便于控制汽轮机排汽温度。同时，高压缸和中压缸调门开度会增大，可减小汽门过度节流带来的剧烈振动。但在机组并网带负荷阶段，需要进行超高压缸的恢复操作，由于超高压缸一直未进汽，需待 X 准则满足后方可进行该操作，该操作存在一定的风险。

单中压缸启动方式指机组在启动时切除超高压缸和高压缸，主蒸汽和一次再热蒸汽分别全部经高压、中压旁路流通，只在中压缸进汽的情况下，通过 DEH 自动控制中压调门开度，实现机组 3000r/min 稳定运行。超高压缸和高压缸鼓风摩擦产生的热量均通过各自的通风阀引入凝汽器。单中压缸启动方式只有中压缸进汽，为了维持机组 3000r/min 稳定运行，中压缸进汽量较大，能有效控制排汽温度，从而能够避免排汽温度过高引起的汽轮机保护动作。但是，该启动方式下超高压缸和高压缸没有进汽，在机组并网带负荷时需要进行超高压缸和高压缸的恢复操作，而西门子机组并没有设计倒暖功能，所以该启动方式不适用于西门子机组。同时，为了避免高温蒸汽对转子和缸体的冲击，必须要满足 X 准则后方可进行切缸恢复操作，两缸的恢复会进一步增加运行人员的操作难度。

雷州电厂项目采用上海汽轮机厂的汽轮机，通过研究和分析 1000MW 二次再热机组生产调试过程中及投产后的几次典型汽轮机启动，本节对该机组在不同启动方式下机组的各项运行参数进行对比论证：

机组在三缸联合启动方式下，可以实现三缸同时进汽，保证机组各缸受热均匀，利于整个转动轴系的热应力平衡，无论是冷态、热态还是极热态，三缸启动机组转速稳定在 3000r/min 后，振动、缸温、瓦温等重要参数均在较好的指标范围内且明显优于双缸启动。同时，由于西门子二次再热百万机组未设计倒暖功能，采用双缸启动，在机组进行并网带负荷时需进行超高压缸恢复，该操作增加了启动过程的风险性。上海汽轮机厂的汽轮机同样没有设计倒暖功能，所以不适合采用单中压缸启动方式。在三缸启动方式下机组并网带负荷不需要进行切缸恢复操作，可以进一步缩短并网时间。不过，三缸联合启动方式会导致机组超高压缸和高压缸排汽温度较高的情况，需要对启动参数进行优化。机组转速稳定在 3000r/min 后，还需要加强对排汽温度的监视。一般对于旁路来讲，锅炉起压后即可稍开高旁暖管（5%），待过热汽压力达 0.2MPa 后稍开中旁暖管（5%），待一次再热蒸汽压力达 0.2MPa 后稍开低旁暖管（5%）。此时整个蒸汽通道已建立，随着锅炉的升温升压，当过热汽压力达 1.0MPa 后可以投入高旁自动（投自动最低设定值为 1.0MPa）。随着锅炉的参数的上升，高旁会自动开大，根据锅炉允许升压速率逐渐将高旁设定值提高，保证高旁不至全开并有调节裕度，同时也可控制一次再热蒸汽压力的上涨速度。当一次再热蒸汽压力涨至 1.0MPa 后同样将中旁投入自动，并随着中旁的逐渐开大，二再的压力也随之提高。雷州电厂项目 1000MW 超超临界二次再热机组启动暖阀时参数为：蒸汽温度 375/404/383℃、汽压 5.0/0.88/0.58MPa。锅炉升温升压时要注意控制汽轮机两侧进气温差在允许范围，主要通过锅炉侧调整，必要时可通过调整两侧旁路开度来增加或减少两侧蒸汽阻力来调整两侧温差。

对于三缸启动方式可能伴随的排气温度高度问题，一般按以下控制策略控制：当超高压缸排汽温度高时首先减小中压调节阀的开度，减少中压缸的进汽量，增大超高压缸的进汽量；如果超高压缸排汽温度进一步上升，则关闭超高压缸调节阀，超高排通风阀打开，将超高压缸抽真空，由高、中压缸控制汽轮机的进汽量。如果高压缸排汽温度过高，首先减小中压调节阀的开度，减少中压缸的进汽量，增大高压缸的进汽量；如果高压缸排汽温度进一步上升，则先关闭超高压调节阀，超高排通风阀打开，将超高压缸抽真空，中压调节阀开度保持不变，开大高压调节阀；如果高压缸排汽温度继续上升，则关闭高压调节阀，高排通风阀打开，由中压缸控制汽轮机的进汽量。在现场调试以及机组启动过程中发现：主机凝汽器真空控制在背压下限，如真空控制在−92kPa 左右、主蒸汽压力 6.5MPa、一次再热蒸汽压力 1.0MPa、二次再热蒸汽压力 0.5MPa，温度分别为 420℃/400℃/400℃，如果旁路振动不大的情况下，可以进一步降低一、二次再热蒸汽压力，提高暖机效果。

三缸联合启动方式，在各缸全周进汽的同时，实现了三缸同时进汽，保证了机组各缸受热均匀，能有效平衡整个转动轴系，机组启动后各项重要参数指标均在正常运行范围，同时也保证了机组的安全生产和稳定运行。上海汽轮机厂引进的西门子百万千瓦超超临界二次再热凝汽式汽轮机无论是在冷态、热态还是极热态工况下，较为合理的启动方式为三缸联合启动，而对于可能出现的排汽温度高的现象可以通过相应的控制逻辑设计予以应对和避免。通过选择合理的启动方式和启动参数，保证机组启动过程安全、经济、稳定。

6.1.2 蒸汽 X 准则和过热度控制策略

上海汽轮机厂的汽轮机 DEH 的蒸汽温度取自蒸汽管道末端的温度测点（见图6-1），存在着机侧蒸汽温度满足要求但 DEH 中温度不满足顺控条件的情况。

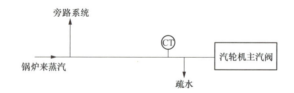

图 6-1 DEH 的蒸汽温度取自蒸汽管道末端的温度测点

比如锅炉升温升压的过程中，我们通常利用旁路系统达到提高蒸汽压力和温度的目的，旁路系统的控制大原则：通过关小旁路阀门提高对应过热器、再热器的出口压力；通过开大旁路阀门使过热器、再热器蒸汽流量增大，提高对应侧蒸汽温度。但是二次再热器压力本身较低，这就会造成在锅炉升温升压的过程中，低压旁路阀前的蒸汽温度实际已经升起来了，而中压缸进汽管上的温度却达不到要求，大部分二次再热蒸汽通过低压旁路回收到了主机凝汽器。因此我们建议，当二次再热蒸汽起压后，可以通过间断性关小低压旁路阀开度，提高二次再热蒸汽压力，将蒸汽憋向中压缸进汽导管方向，达到暖管升温的效果。

近几年，上海汽轮机厂 DEH 顺控启动装置里面增加了一套暖阀子程序，这套子程序起到汽轮机不冲转，DEH 自动周期性开关主汽阀达到主汽阀、调节汽阀暖阀的作用。当启动装置步序在第 13 步时，若汽轮机 X1、X2 准则不满足要求，子程序将自动激活。

但是子程序需要完成整个步序有一个前提条件，即汽轮机跳闸电磁阀不能有跳闸信号存在，而 DEH 顺控启动装置在第 15 步才会复位跳闸电磁阀。因此当启动 DEH 顺控装置前需汽轮机 X1、X2 准则不满足要求需要手动复位跳闸电磁阀，否则暖阀子程序一旦启动，子程序既无法正常进行，顺控装置也会停留在第 13 步。

6.1.3　冷态冲转参数

上海汽轮机冷态冲转参数要求主蒸汽、一次再、二次再热蒸汽压力分别为 8MPa/2.5MPa/0.7MPa，主蒸汽、一次再、二次再热蒸汽温度分别为 400℃、380℃、380℃。实际运行中如果按照上述参数冲转，在汽轮机 870r/min 暖机时，中压缸主蒸汽调阀因为开度太小（开度一般小于 2%）节流效果明显，导致中压缸主蒸汽调阀、EH 油管道振动大。在调试期与上海汽轮机厂沟通后，我们将蒸汽压力稍微降低进行汽轮机冲转，这个时候就需要注意当汽轮机升速额定转速的过程中，DEH 转速控制器给出的指令会逐渐超过 TAB 发出的指令，DEH 阀门流量控制器选小块会跟踪 TAB 给出指令，导致汽轮机在升速的过程中升速率过缓报警，汽轮机汽门关闭，所以在释放额定转速后，操作员需要将 TAB 指令手动输入至 100%。

6.1.4　防止 DEH 切缸保护动作

热态和极热态启机，汽轮机要求的冲转参数高，势必造成汽轮机鼓风摩擦效果明显，汽轮机排汽温度接近保护值。因此，冲转参数的选择应尽量接近要求的下限，使进入汽轮机的出参数不过高，一定程度上缓解排汽温度的上升速率；同时，严格控制汽轮机定速到汽轮发电机并网的操作时间，从我厂热态启机的经验来看，汽轮机定速 3000r/min 后约 2min，高压缸排汽温度将达到 495℃，切缸保护动作。除此之外，有些厂的热态启机汽轮机冲转选择超高压缸、高压缸、中压缸三缸联合启动方式。二次再热机组热态启动还是不建议使用这种冲转方式，因为在汽轮机热态定速所需的蒸汽流量是比较小的，超高压缸、高压缸、中压缸的鼓风摩擦效果相当明显，这种情况下不如选择高、中压缸联合启动，将超高压缸的蒸汽流量分配至其他两个缸，从一定程度上缓解鼓风摩擦造成的排汽温度升高。

6.1.5　锅炉点火升温升压

（1）从锅炉点火直到带满负荷，要严密监视锅炉的受热膨胀情况，在上水前、后和过热器出口压力为 0.5、1.5、15、31.5MPa 时做好膨胀记录，若发现膨胀部件卡住应停止升压，待故障消除后再继续升压。

（2）在微油点火期间，除灰系统储仓需经常卸料，防止在储仓未燃尽物质自燃爆炸；在低负荷燃油或煤油混烧期间电除尘器在投入，电除尘器应降低二次电压、电流运行，除灰系统在此期间连续输送，防止在集尘极和放电极之间燃烧。

（3）由于悬吊式的屏式过热器、末级过热器等高温受热面均为不可疏水结构，在锅炉整体水压试验或停炉后，管屏的底部会积有凝结水。因此，锅炉点火初期要控制燃烧率，使管屏下部的积水完全蒸发、汽化。

（4）当烟气温度接近或达到 580℃时，必须控制热输入量，当屏式过热器和末级过热器壁温的所有读数与汽温相同时（偏差小于 10℃）可以增加热输入。

（5）锅炉启动过程中，锅炉处于湿态运行状态，分离器出口蒸汽温度与分离器压力是一一对应的，控制分离器出口蒸汽温度变化速率即能控制住锅炉升压速率。分离器出口蒸汽温度变化速率不高于 1.5℃/min。水冷壁出口升温率最大限定小于 220℃/h 或小于 105℃/10min，升温过程中严格控制各受热面金属壁温不超报警值，各级受热面壁温温升速率小于 1.5℃/min，短时间小于 2.5℃/min。严格控制过、再热器出口汽温温升率在 1.5℃/min 以内，锅炉升温升压期间，控制升压速度在 0.06MPa/min 以内。主再热蒸汽温度升速度应符合启动曲线要求，两侧温度偏差不大于 17℃。如果汽温升速率过快，可以适当减少燃料量和调节旁路的蒸汽流量。

（6）锅炉进行热态冲洗，冲洗期间水冷壁出口温度不应超过 170℃，因为此时铁离子的溶解度极低。

（7）在锅炉升温升压期间，应定期检查空气预热器吹灰连续运行、SCR 声波吹灰程控运行正常。

（8）烟气再循环风机启动后，根据炉膛出口烟气温度调整燃烧器摆角及二次风配风，使炉膛各角再循环烟气量分配均匀。在再热器系统无蒸汽流通时必须严格控制炉膛出口烟气温度不大于 560℃，否则应通过配风调整降低炉膛火焰中心高度及降低燃料量控制炉膛出口烟温不超限。

（9）控制二级省煤器两侧出口水温基本一致，低于对应压力下的饱和温度，无汽化现象；否则通过增大给水流量、降低给水温度或提高分离器压力，控制亚临界压力下运行时省煤器出口水温低于饱和温度 10℃，省煤器进出口温差小于 105℃，防止发生省煤器汽化，减少水冷壁热应力。

（10）控制水冷壁中间集箱入口管的最大温差小于 180℃，防止水冷壁鳍片拉裂。

（11）在干湿态转换时，如果此时高低加不投会导致水冷壁壁温不均匀；在正常运行过程中煤油混烧一定注意水冷壁壁温的不均匀限制，当磨煤机相继启动时也要密切注意水冷壁壁温的不均匀。

（12）在锅炉升温升压期间，如需投入减温水，应避免减温水量大幅波动，要保证减温器后温度高于饱和温度且主蒸汽温度有 56℃ 以上的过热度。机组并网前，投入再热减温水时，需保证旁路调门有较大开度，应根据高旁开度、再热蒸汽流量，谨慎操作，避免发生水塞造成水冲击。

（13）启动期间，炉水循环泵入口水温正常应低于分离器压力对应饱和温度 10℃ 以上，否则应检查过冷水流量是否偏低，必要时提高给水压力，增加过冷水量。

6.1.6 锅炉水位控制及给水调整

（1）在锅炉转干态之前，需控制储水箱水位在 8～9m，一般不超过 10m。正常

WDC 阀可调节水位，在锅炉热态冲洗后，若炉水水质合格，为防止工质损失，应减少炉水外排量。

（2）为防止分离器或贮水箱水位不准，分离器水位应有一定的波动，注意分隔屏过热器出口汽温不应异常降低（正常以分离器出口温度与分隔屏过热器出口温差≮50℃为准），否则应立即降低贮水箱水位，增加锅炉燃烧，确保分离器水汽动态平衡。

（3）调节给水量应以"省煤器入口流量＝炉水循环泵出口流量＋蒸汽流量－过冷水流量"为调整原则，若无电泵运行，注意汽动给水泵调节滞后性，以汽动给水泵调节器为主调，锅炉上水旁路门辅助调整，炉水循环泵出口调门可维持 50％～55％开度不变。

（4）注意虚假水位对储水箱水位的影响，在高旁或汽轮机调门调整或主汽管疏水开关时，都会导致分离器压力的变化，此时应通过控制高、中旁或汽轮机调门开度，控制疏水阀开关时机，避免分离器压力大幅波动。

（5）在投入油枪和磨煤机的过程中要加强启动分离器贮水箱水位监视，注意过度膨胀过程的发生，当锅炉发生汽水膨胀时应减缓燃料量的增加。

经过启动过程优化，实现了快速、低能耗启动，对比整套启动和 168h 后的首次启动，启机时间缩短 6.2h，节省外购电 32.2 万 kWh、标煤 376t、燃油 17.1t、除盐水 1784t，共计折合人民币约 60.7 万元。

6.2　机组停机控制

6.2.1　TSE 裕度限制

上海汽轮机厂 DEH 援引德国西门子控制理念，在限压方式下（CCS 协调或 BF 方式或汽轮机投功率回路）汽轮发电机组的升降负荷受 TSE 裕度限制。机组在停机过程中，随着锅炉热负荷的逐渐减弱，主再热蒸汽温度下降，当主再热蒸汽温度和汽阀阀壁温度、缸温、转子温度等温差低于要求的限制值时，DEH 将闭锁汽轮发电机组降负荷。一般上海汽轮厂的汽轮机机组在 30％BMCR 负荷左右都会受到 TSE 裕度限制减负荷，有两种方法停机：一是在负荷闭锁后直接将机组打闸；二是通过开启机侧旁路系统，汽轮机 DEH 转初压方式下逐步将电负荷降下来后再打闸。前者的好处是操作简单、停机时间短，后者的好处是掺烧褐煤的锅炉有足够的时间进行吹扫。

6.2.2　机组停运注意事项

（1）根据一次风机运行情况，机组降负荷至 400MW 时，将火检冷却风切换为火检冷却风机带、脱硝稀释风切换为稀释风机带。

（2）根据负荷情况，确定停用某台制粉系统，磨煤机停运期间，缓慢操作风门开度，同时监视检查一次风机运行情况，防止一次风机失速。

（3）磨煤机停止前，应将给煤机走空，对磨煤机及粉管进行吹扫，并通知排渣人员清除石子煤斗内的石子煤。

（4）滑停过程中汽轮机、锅炉要协调好，降温、降压不应有回升现象，注意汽温不得低于缸温 20℃。注意炉膛内燃烧工况，必要时可提前投油助燃。停用磨煤机时，应密切注意主蒸汽压力、温度、炉膛压力、环保指标的变化。汽温在 10min 内急剧下降 50℃，应紧急停机。

（5）控制主蒸汽、再热蒸汽始终要有 50℃ 以上的过热度。过热度接近 50℃ 时，应开启主蒸汽、再热蒸汽管道疏水阀，并稳定汽温。

（6）在机组滑停过程中要严密监视锅炉受热面金属温度，注意不得超过壁温的报警值，否则要停止降负荷、降温、降压。

（7）锅炉燃油期间应就地检查油枪燃烧稳定，防止漏油；在低负荷投油期间空气预热器应连续吹灰。

（8）在减负荷过程中，应加强对水煤比、风量、中间点温度、储水箱水位及主蒸汽温度的监视和调整，避免汽温大幅波动。

（9）减负荷过程中，注意监视、控制省煤器进口流量，湿态时注意维持省煤器进口给水流量，避免低流量保护动作，注意控制储水箱水位。

6.2.3　单机运行，无启动炉停机控制

6.2.3.1　停机前准备

（1）检查确认公用系统用户运行方式切换到备用机组接带。主要是厂用电、闭式水、开式水的公用用户提前进行电源、水源的倒换。

（2）机组部分系统设备停机前进行启停试验。锅炉微油枪（等离子装置）试投，机侧主、小汽轮机润滑油备用油泵联锁启停试验正常。盘车装置测试合格。

（3）锅炉全面吹灰一次。

（4）二再冷段供辅汽联箱管道暖管后投入运行。

（5）辅汽供小汽轮机用汽管道、二再冷段供小汽轮机用汽管道暖管，保持热备用。

6.2.3.2　停机过程

（1）机组负荷 500MW，主蒸汽温度 550℃，机组开始停机操作。主蒸汽温度按 1℃/min 速率下降至 540℃ 稳定运行 30min。机组降负荷滑参数过程中，控制超高压调阀开度在 40%～50% 运行，通过增大主蒸汽流量使汽轮机阀组、汽缸以及转子温度同步下降，尽可能维持汽轮机 TSE 裕度充足。

（2）负荷降 400MW。

1）主蒸汽温度降至 530℃，稳定运行 90min。

2）机侧旁路系统开启 5% 进行暖管。

3）将小汽轮机汽源倒至辅汽、二再冷段接带，操作完毕后开始降负荷。

（3）负荷 380MW，协调解除，DEH 自动切换为初压方式运行。汽轮机在初压方式下运行，此时锅炉管负荷，汽轮机管压力。随着锅炉热负荷减弱，主蒸汽压力设定逐渐

高于实际主蒸汽压力，汽轮机关小调阀，蒸汽流量减少，机组开始降负荷。但是在这个过程中一定要避免高调阀、中调阀的开度过小，造成汽缸排汽温度上升至极限值动作。

（4）负荷降 350MW，逐步开大旁路阀。此时辅汽联箱的汽源只有单一的二次再热冷段（以下简称"二冷"）汽源提供，而辅汽用户还有汽动给水泵和轴封系统，用汽量约有 60t/h。随着机组负荷降低，二再冷段压力也会逐渐下降，通过开大高、中压旁路，维持辅汽联箱压力大于 0.6MPa 稳定运行。

（5）负荷降 300MW。

1）汽动给水泵组切手动控制，给水倒旁路，控制省煤器进口给水流量约 900t/h。

2）继续开大机侧旁路，操作员根据锅炉燃烧情况调整主蒸汽压力设定，保持超高压调阀开度大于 50%。

3）进行厂用电切换。

（6）负荷降 250MW 左右。

1）依次顺序停运 C/B 磨，给煤机走空。若选择汽轮机打闸后锅炉继续维持运行，则停运磨煤机之前，应解除机侧旁路阀关联逻辑。

2）随着锅炉热负荷减弱，值班员注意及时调整压力设定，控制汽轮机综合阀位大于 70%，机组负荷将迅速下降。

3）当 B 磨停运后，值班员设定主蒸汽压力设定大于实际压力 2MPa，汽轮机调阀开始关闭，机组负荷小于 100MW，汽轮机打闸。

（7）锅炉根据检修需要可继续运行滑参数，A 磨给煤机走空后，锅炉 MFT。

6.2.4 停机时保持轴封运行技术

6.2.4.1 辅汽、轴封系统概述

（1）机组各设一辅汽联箱，设计压力为 0.8MPa。设计温度 420℃。1、2 号机辅助蒸汽系统汽源有四个：正常运行时由本机五段抽汽供汽，本机二冷供汽作为备用汽源，启动炉至辅助蒸汽联箱供汽作为单机启动汽源，临机间供汽。

（2）机组正常运行中，轴封系统为"自密封"运行方式，超高压缸、高压缸、中压缸轴封向低压缸轴封供汽，辅汽至轴封供汽系统暖管备用。机组启、停过程中，投入辅汽至轴封供汽。机组跳闸或紧急停机时，必须及时投入辅汽至轴封供汽，调节轴封供汽温度正常，防止轴封供汽中断。机组正常启停过程中或紧急停机时，辅汽至轴封供汽因故无法投入时，必须立即破坏真空，防止汽轮机长时间吸入冷空气。

（3）机组辅汽供汽要求：

1）超高压、高压、中压缸汽封供汽温度要求。当超高压转子温度小于 200℃，汽源温度范围 240~300℃；当超高压转子温度大于 400℃，汽源温度范围 320~350℃；当超高压转子温度在 200~400℃，气源温度范围在上述区间内变化。

2）低压汽封供汽温度要求。当超高压转子温度小于 200℃，气源温度范围 240~300℃；当超高压转子温度大于 300℃，气源温度范围 280~320℃；当超高压转子温度

在 200～300℃，气源温度范围在上述区间内变化。

3）汽封母管压力要求为大于大气压 3.5kPa。

6.2.4.2　辅汽、轴封系统供汽运行方式

1. 双机运行状态

1、2 号机组正常运行时，机组负荷大于 300MW 时，主机轴封系统实现自密封。

（1）辅汽联箱运行方式：本机五段抽汽至辅汽联箱供汽门全开，本机二冷至辅汽联箱供汽调门至少开启 5%，保持暖管状态。1 号辅汽联箱至 2 号辅汽联箱供汽门全开，2 号辅汽联箱至 1 号辅汽联箱供汽门保持 10% 开度，2 号辅汽联箱至扩建端手动总门前疏水器前后手动门开启。

每班进行一次辅汽联箱串联倒换，例如白班接班 1 号机辅汽串带 2 号机辅汽，前夜班接班则 2 号机辅汽串带 1 号机辅汽。若辅汽联箱压力大于 0.8MPa，则不要求串联倒换，根据实际辅汽联箱压力选择运行方式。

（2）主机轴封系统实现自密封后，为保证辅汽至轴封供汽良好备用状态，辅汽至轴封供汽调门应保持最小开度（15%）以上运行，轴封电加热器设定温度 350℃，确保辅汽供轴封管道随时投运。机组正常运行时，轴封溢流调节阀旁路阀应关闭。

2. 单机运行跳机或双机运行同时跳机时（无邻机汽源）

（1）单机运行时，本机五段抽汽供辅汽联箱，本机二冷至辅汽联箱供汽调门至少开启 5%，保持暖管状态。

（2）机组运行中跳闸时，应立即投入二冷供辅汽汽源，利用二冷余压维持辅汽联箱压力，检查辅汽至轴封供汽调阀联锁开启正常，检查关闭轴封溢流调节阀，关闭辅汽至轴封供汽调阀前疏水门至 5% 左右，减少轴封供汽疏水量。调节辅汽至轴封供汽调阀维持轴封母管压力 3.5kPa 左右，检查轴封电加热器或轴封供汽母管减温水调阀动作正常，辅汽轴封供汽温度不小于 320℃。

（3）机组跳闸会联开二冷及二热管道上相关疏水（脉冲信号），及时关闭 A/B 侧二次低温再热止回阀后气动疏水阀 1/2、A/B 侧二次再热管段疏水阀、A/B 侧中压主汽门前气动疏水阀、小汽轮机高压进汽疏水管道气动疏水阀、3A/3B 抽汽气动止回阀前气动疏水阀等，共 11 个。

（4）检查高中低压旁路在关闭位置，防止泄压。

（5）若辅汽汽源无法维持应立即破坏真空紧急停机。凝汽器真空到"零"后，隔绝辅汽至轴封供汽。

（6）机组运行期间，除了要监视轴封供汽温度、压力外，还要注意监视轴封电加热器后蒸汽温度、辅汽联络管蒸汽温度变化情况，发现蒸汽温度突降及时分析原因并采取相应措施，尽量提高高温蒸汽压力，防止低温蒸汽串入系统。

7

二次再热机组自动控制优化

7.1 机组滑压性能试验

7.1.1 试验前概况

1号机于2月21日15:30投入一次调频,2月总应动作次数16 909次,评价次数710次,正确动作100次,错误动作42次,免考568次,一次调频动作评价合格率99.751 6%,考核电量500MWh;3月1日至3月2日总应动作次数1640次,评价次数23次,正确动作7次,错误动作7次,免考9次,一次调频动作评价合格率99.573 2%,考核电量1000MWh。1号机组24~27日负荷500MW,为了满足一次调频需求,设定主蒸汽压力维持A/B侧超高压调阀开度23%~25%运行,运用反平衡算法计算出汽轮机热耗率为7613kJ/kwh,折算标准发电煤耗率约276.57g/kWh,标准供电煤耗率约288.08g/kWh;设计500MW工况热耗率为7444kJ/kWh,折算标准发电煤耗率约270.43g/kWh,标准供电煤耗率约281.69g/kWh。该工况下参数热耗率偏差169kJ/kWh,影响发电煤耗约6.14g/kWh,影响供电煤耗约6.39g/kWh。

调研同类型上汽机组(含一次再热机组),超高压(高压)调阀开度在约54%以下均有节流效果,在20%~30%开度之间节流效果明显,AGC负荷响应、一次调频效果较好,但是对应超高压缸的效率明显偏低。

7.1.2 试验过程

(1)设计工况:负荷为500MW,主蒸汽压力为14.8MPa,汽轮机热耗率为7444kJ/kWh。折算标准发电煤耗率约270.43g/kWh,标准供电煤耗率约281.69g/kWh。

试验工况:负荷为500MW,主蒸汽压力为15.7~16.3MPa,超高调阀门开度维持在40%~50%运行,超高调阀平均开度53%。

试验结果:数据统计热力参数,运用反平衡算法计算出汽轮机热耗率为7494kJ/kWh,折算标准发电煤耗率约272.25g/kWh,标准供电煤耗率约283.58g/kWh,较设计热耗率高50kJ/kWh,影响发电煤耗约1.82g/kWh,影响供电煤耗约1.89g/kWh。

(2)设计工况:负荷为500MW,主蒸汽压力为14.8MPa,汽轮机热耗率为7444kJ/

kWh。折算标准发电煤耗率约为 270.43g/kWh，标准供电煤耗率约为 281.69g/kWh。

试验工况：负荷为 500MW，主蒸汽压力为 16.9～17.5MPa，超高调阀门开度维持在 30%～40%运行，超高调阀平均开度 34%。

试验结果：数据统计热力参数，运用反平衡算法计算出汽轮机热耗率为 7560kJ/kWh，折算标准发电煤耗率约为 274.64g/kWh，标准供电煤耗率约为 286.08g/kWh，较设计热耗率高 116kJ/kWh，影响发电煤耗约 4.21g/kWh，影响供电煤耗约 4.39g/kWh。

（3）设计工况：负荷为 500MW，主蒸汽压力为 14.8MPa，汽轮机热耗率为 7444kJ/kWh。折算标准发电煤耗率约为 270.43g/kWh，标准供电煤耗率约为 281.69g/kWh。

试验工况：负荷为 500MW，主蒸汽压力为 16.5～17.1MPa，超高调阀门开度维持在 30%～40%运行，超高调阀平均开度 34.4%。

试验结果：数据统计热力参数，运用反平衡算法计算出汽轮机热耗率为 7574kJ/kWh，折算标准发电煤耗率约为 275.15g/kWh，标准供电煤耗率约为 286.61g/kWh，较设计热耗率高 130kJ/kWh，影响发电煤耗约 4.72g/kWh，影响供电煤耗约 4.92g/kWh。

（4）设计工况：负荷为 800MW，主蒸汽压力为 23.81MPa，汽轮机热耗率为 7167kJ/kWh。折算标准发电煤耗率约为 260.65g/kWh，标准供电煤耗率约为 271.5g/kWh。

试验工况：负荷为 800MW，主蒸汽压力为 25～25.6MPa，超高调阀门开度 35%～40%运行，超高调阀平均开度 40%。

试验结果：数据统计热力参数，运用反平衡算法计算出汽轮机热耗率为 6987kJ/kWh，折算标准发电煤耗率约为 254.11g/kWh，标准供电煤耗率约为 264.68g/kWh，较设计热耗率低 180kJ/kWh，影响发电煤耗约为 −6.54g/kWh，影响供电煤耗约为 −6.82g/kWh。

7.1.3 经济分析总结

通过阀门性能试验，超高压调阀在 30%～40%区间运行较 23%～25%区间运行标准供电煤耗降低 1.74g/kWh，超高压调阀在 40%～50%区间运行较 23%～25%区间运行标准供电煤耗降低 4.5g/kWh。

按照平均利用小时 4300h 计算，超高压调阀在 30%～40%区间运行将节约发电成本约 14 964t×699.59 元/t≈1050 万元；超高压调阀在 40%～50%区间运行将节约发电成本约 38 700t×699.59 元/t≈2700 万元。

7.2 汽轮机滑压曲线深度优化

7.2.1 研究背景

目前获取机组滑压运行曲线，使用最广泛的是试验比较法。通过高精确度的试验得到各负荷下最优主蒸汽压力。但是，试验比较法的基本边界条件是机组纯凝工况运行，且在额定运行参数下开展的。

机组实际运行过程中，影响机组最优主蒸汽压力的主要因素较多，如机组开展了控制系统改造、汽轮机或辅机改造以及汽轮机本体老化、热力系统特性以及运行参数发生较大变化等，都会使汽轮机控制系统给出的主蒸汽压力偏离最优主蒸汽压力，造成滑压曲线不准确，对机组滑压运行效率产生不利的影响，较大地影响了机组的经济性。

7.2.2　滑压曲线深度优化方案

由于实际运行中热力系统和汽轮机运行参数一般不会是恒定不变的，而是实时变化的，为研究最优滑压曲线随热力系统和汽轮机运行参数变化而产生的变化，本研究拟从两个阶段开展，一是额定参数和稳定热力系统下的滑压曲线寻优，即常规的滑压优化试验，我们称使用该方法得到的滑压曲线为基准工况下的滑压曲线；二是在得到基准工况下滑压曲线的基础上，开展影响滑压曲线的因素研究以及如何对滑压曲线进行修正。

1. 基准工况下汽轮机滑压优化

基准工况下的滑压优化试验：根据制造厂提供资料和滑压优化运行试验经验结合本机组具体特点，选取一定负荷点开展热力性能试验，试验中主、辅机设备正常投入运行，按照相关试验标准要求进行了系统隔离。机组滑压试验在试验条件接近，即汽温、背压、各辅机运行状况变化不大的条件下进行，每个工况进行 30min 左右，在不同压力下求得各工况下的高压缸效率、热耗率，以此为比较基准，参数修正后的热耗率最小时对应的压力点即为最优主蒸汽压力。

2. 汽轮机背压对滑压曲线的影响

在汽轮发电机组的所有热力参数中，背压变化是对机组运行经济性影响最大的参数之一。当汽轮机背压变化时，不仅引起汽轮机功率的变化，而且还将引起汽轮机转子时间常数及调节系统速度变动率的变化。例如，当其他运行参数不变，而背压提高时，在同样的调节汽门开度情况下，汽轮机的功率降低，调节系统速度变动率增大；由于受机组负荷、循环水流量、循环水入口温度、凝汽器清洁度、真空严密性、凝汽器和抽气器的结构特性等诸多因素的影响，运行中背压经常变化，从而影响机组的经济性。当其他运行参数不变，而背压提高时，在同样的调节汽门开度情况下，汽轮机的功率降低，反之功率提高。

运行机组受背压变化的影响，相同的电功率时汽耗存在差异，使运行机组难以始终维持在最佳滑压曲线上。因此需要对滑压曲线进行动态修正，利用给定压力的变化，使得汽轮机始终工作在最经济状态。一般采取压力偏置修正、负荷修正以及以主蒸汽流量为基准修正三种方式对滑压曲线进行动态修正。

压力偏置修正如图 7-1 所示。

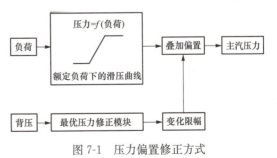

图 7-1　压力偏置修正方式

负荷修正如图 7-2 所示。

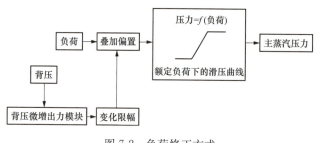

图 7-2　负荷修正方式

主蒸汽流量基准：以主蒸汽流量为变量的汽轮机滑压曲线优化方法，可以兼顾背压变化的影响，基于主蒸汽流量补偿的滑压曲线可以通过试验的方法获得。再将以主蒸汽流量为变量的汽轮机滑压优化曲线作为滑压运行曲线，嵌入汽轮机控制系统，自动调节主蒸汽压力，使汽轮机在最优工况下运行。

综合以上所述，对于背压对滑压曲线的影响，雷州电厂项目拟采用主蒸汽流量作为基准的方法进行研究。

3. 汽轮机对外抽汽对滑压曲线的影响

由于抽汽供热机组的运行情况与抽汽量以及背压有较大关系，机组纯凝工况负荷-滑压运行曲线，不再适用于抽汽供热工况的经济运行；并且部分机组抽汽供热量大，低负荷段放弃自动滑压运行，采用手动定压方式运行，严重影响机组经济性。

当以机组负荷作为自变量确定滑压曲线时，对于抽汽机组必须考虑背压和抽汽量两个因素的影响，这样最优压力值是负荷、背压和抽汽量的多变量函数，即最优主蒸汽压力＝f（负荷，背压，抽汽量）。此时，滑压曲线图已变成三维图，更为复杂。不同抽汽工况下的滑压曲线示意图如图 7-3 所示。

因此，以机组负荷作为自变量来确定的机组滑压曲线在背压和抽汽量发生变化时，机组的滑压运行曲线将会较大地偏离最优的滑压运行值。为了找到每个工况的最优滑压值，就需要找到一个合适的量作为自变量，使得滑压曲线图近似为一维图。

对于抽汽位置在高排及以后的抽汽供热，可以按主汽流量进行滑压优化，即认为无论是纯凝、供热、背压变化，相同的主蒸汽流量下，最优的调节阀位及主蒸汽压力都保持不变。以主汽流量为自变量的最优滑压曲线如图 7-4 所示。

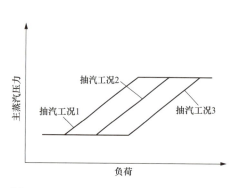

图 7-3　不同抽汽工况下的滑压曲线示意图

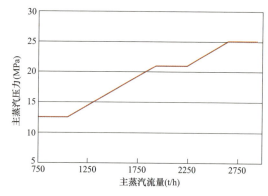

图 7-4　以主汽流量为自变量的最优滑压曲线

基于主蒸汽流量补偿的滑压曲线动态修正方案对试验准确性的要求较高，对试验数据处理的要求也较高。该方案兼顾了背压、抽汽量两个关键参数的影响，适用于各类型火电机组，优化中要注意试验和数据处理的准确性，需在 DCS 中增加主蒸汽压力与调节级或高压首级压力控制模块，以高准确度性能试验，标定主蒸汽流量与调节级或高压首级压力的关系，从而获得准确的滑压优化曲线。

综合以上所述，对于汽轮机对外抽汽量对滑压曲线的影响，雷州电厂项目采用主蒸汽流量作为基准的方法进行研究。

4. 机组老化对滑压曲线的影响

汽轮机投产后由于运行时间长以及由于参与深度调峰而频繁升降负荷乃至频繁启停机不可避免地会导致汽轮机老化，通流效率降低。这样的话，同样负荷下汽轮机的进汽流量将增加，那么相对应的最优主蒸汽压力将发生变化。

机组老化主要表现为汽轮机各缸效率逐渐下降，但在正常运行中，由于运行参数的变化以及高压调门开度的变化均会影响高压缸效率，无法实时根据缸效率变化判断机组老化，这就需要定期开展性能试验来进行解决。

(1) 根据定期性能试验结果，获取各缸内效率。

(2) 根据等效焓降的方法，计算各缸效率每降低 1%，分别影响热耗率的数值，进而计算出机组老化对热耗率影响数值。以高压缸效率变化对热耗率影响为例介绍计算过程。

首先按设计参量计算得到高压缸效率变化 1%，对机组热耗的影响值，见下式计算：

$$\Delta HR_{HP} = \left(\frac{G_{0z} \times H_{0HP} \times \eta_{HP} \times \eta_m \times \eta_d}{3600 \times N_t} - \frac{G_r \times H_{0HP} \times \eta_{HP}}{N_t \times HR} \right) \times 100 \qquad (7\text{-}1)$$

式中　G_{0z}——高压缸折算流量，kg/h；

　　　G_r——高排（再热）流量，kg/h；

　　H_{0HP}——高压缸等熵熵降，kJ/kg；

　　　η_{HP}——高压缸相对内效率（设计值）；

　η_m、η_d——分别为机械效率和发电机效率；

　　　N_t——设计发电端功率，kW；

　　　HR——机组设计热耗率，kJ/kWh。

高压缸折算流量计算式为

$$G_{0z} = \frac{(G_0 - G_m) \cdot (h_0 - h_t) + (G_0 - G_m - G_z) \cdot (h_t - h_1) + (G_0 - G_m - G_z - G_1) \cdot (h_1 - h_2)}{h_0 - h_2}$$

$$(7\text{-}2)$$

式中　G_0、G_m、G_z、G_1——分别为主蒸汽流量、高压门杆漏汽量、高压缸前汽封漏汽量、一段抽汽流量，kg/h；

　　　h_0、h_t、h_1、h_2——分别为主蒸汽焓、调节级后焓、一段抽汽焓、高压缸排汽焓，kJ/h。

（3）通过上式可计算高压缸效率变化1%，对机组热耗率影响值。实际运行中高压缸效率偏离设计值达几个百分点，影响热耗值为ΔHR_{HP}乘以百分之几。

根据各缸做功比例，计算出机组发电功率不变的情况下，机组主蒸汽流量的增加量，进而对主蒸汽压力进行修正。

这样每次性能试验开展以后，可以针对机组老化对滑压曲线的影响进行相应的修正，得到经汽轮机老化修正后的滑压曲线。

5. 再热器减温水对滑压曲线的影响

对具有中间再热冷凝式汽轮机，在正常运行中的再热器减温水是不投入的。但是由于锅炉入炉煤种的变化，以及设计制造中存在问题，使一些再热机组的再热器发生超温现象，对此在正常运行中经常投入再热器减温水，这对热耗率及发电机端功率有一定影响，影响主要发生在再热器和汽轮机的中、低压缸部分。若投用再热器减温水，则机组经济性会受到影响，热耗率会相应升高。

（1）通过计算或者厂家提供的修正曲线对热耗率影响数值进行计算。

再热器减温水的吸热量计算式为

$$\Delta Q = D_J(i_r - i_g) \tag{7-3}$$

式中　D_J——再热器减温水量，kg/h；

　　i_r——再热蒸汽焓，kJ/kg；

　　i_g——给水泵中间抽头减温水焓，kJ/kg。

由于有减温水量进入再热器，势必使再热蒸汽量增加，相应的发电机功率增加，功率增加量为

$$\Delta NP = D_J(i_r - i_k)\frac{\eta_m\eta_g}{3600} - \sum_{n=1}^{i}\frac{D_J}{D_r}D_i(i_i - i_k)\frac{\eta_m\eta_g}{3600} \tag{7-4}$$

式中　i_k——排汽焓，kJ/kg；

　　D_i、i_i——中、低压缸各段抽汽量、抽汽焓。

再热器减温水量对热耗率修正值为

$$C_J = \frac{HR'}{HR} = \frac{Q_0 + \Delta Q}{N_p + \Delta N_p} \tag{7-5}$$

（2）由汽轮机各缸做功比例，在机组功率不变的情况下，将再热减温水流量折算为主蒸汽流量增加量，然后进行修正计算，得到修正后的滑压曲线。

6. 其他边界参数对滑压曲线的影响

运行中边界参数对机组滑压曲线影响最大的是机组背压，其他参数如主蒸汽温度、再热蒸汽温度、再热器压损、加热器端差等的变化也会对机组滑压曲线有影响。

可采用汽轮机厂家提供的电功率修正曲线，得到各参数变化对电功率的影响，然后根据基准工况下得到的主蒸汽流量和负荷关系曲线，得到各参数变化引起的电功率的变化量对主蒸汽流量的变化量，再进行修正计算，最后得到修正后的滑压曲线。

7.2.3　实施路线

首先需要得到基准工况下的滑压曲线，包括负荷-主蒸汽压力曲线、主蒸汽流量-主

蒸汽压力曲线以及主蒸汽流量-负荷关系曲线。

然后采用主蒸汽流量为基准的滑压曲线，这样可以兼顾背压以及汽轮机对外抽汽量的变化对滑压曲线的影响。

针对机组老化，根据定期试验结果获取各缸效率，而后根据缸效率的变化，修正主蒸汽流量，得到修正后的主蒸汽压力。

处理再热减温水对滑压曲线的影响时，按照负荷不变的原则，将再热减温水量折算至主蒸汽流量增加值，得到修正后的主蒸汽压力。

对于除背压外的其他边界参数对滑压曲线的影响，可以采用厂家提供的修正曲线，先得到对负荷的影响，而后根据基准工况下负荷和主蒸汽流量关系曲线，修正主蒸汽流量，得到修正后的主蒸汽压力。计算逻辑模块如图 7-5 所示。

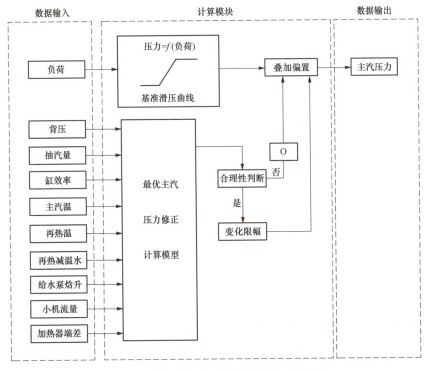

图 7-5 汽轮机滑压曲线深度优化计算模块

7.3 给水量控制系统

超临界直流锅炉没有汽包环节，给水加热、蒸发以及过热是一次性连续完成的，锅炉惯性相对于汽包炉大大降低，蓄热量减小，动态过程加快。超临界直流炉是一个典型的多输入多输出系统，其主要输入量包括给水量、燃烧率、汽轮机调门开度，其主要输出量有主蒸汽温度、主蒸汽压力和主蒸汽流量，这些因素相互影响，仅仅改变其中某一个量是达不到控制效果的，超临界直流炉的控制更加强调燃烧率和给水量之间的平衡、燃烧率和给煤及风量之间的平衡，它需要锅炉给水、燃烧、汽温和风量等之间更强的协调配合，同时也需要更快速的控制作用。

由于超临界直流锅炉给水变成过热蒸汽是一次性完成的，完全直流运行后，给水量就等于蒸汽流量，给水量的变化直接影响到机组负荷，给水量的变化会改变锅炉汽水相变点位置，进而导致过热汽温的变化，因而超临界直流锅炉给水控制是相当重要的。基于超临界直流锅炉的特点，其给水控制是不能孤立对待的，我们设计的给水控制方案以燃水比为基础，控制住能较快速而又精确反映燃水比变化的参量——汽水分离器出口微过热蒸汽焓，进而达到控制给水量到合适值的目的，保证整个系统的平衡稳定。

1. 燃水比（燃料量和给水量之间的比例）

燃水比不是恒定不变的，它必须随着负荷的改变而改变，此点可通过式（7-6）分析得出

$$i_{st} = i_{fw} + \frac{FQ_{net}\eta}{W} \tag{7-6}$$

式中　i_{st}——主蒸汽焓值，kJ/kg；

　　　i_{fw}——给水焓值，kJ/kg；

　　　F——燃料量，t/h；

　　　W——给水量，t/h；

　　　Q_{net}——燃料低位发热量，kJ/kg；

　　　η——锅炉效率。

一方面，锅炉给水温度是随负荷的增加而升高的，故 i_{fw} 也随之升高。机组定压运行时，主蒸汽温度和压力为定值，即 i_{st} 为一定值，Q_{net} 和 η 可视为常数，因此燃水比 F/W 是随着负荷的升高而减小的。另一方面，燃料量和给水量在负荷改变时按燃水比 F/W 并行进行调整，但二者对汽温的动态影响是不同的。为减小负荷动态调整过程中的汽温波动，还必须对负荷调整产生的燃料量指令和给水量指令分别设置动态校正环节。

2. 燃水比调整与减温喷水的协调

给水控制中也必须考虑到其对过热汽温的影响。燃水比调整是保持汽温的最终手段，但对过热汽温影响的迟延大；减温喷水能较快地改变过热汽温，但不能最终维持汽温稳定，超临界直流炉的控制需要将两者有机地协调起来，因此在给水控制中设计了 ΔT 调节器。

要控制好过热汽温，理想的状态是能控制中间若干关键位置点的温度到期望的值。在超临界直流炉控制中，采用控制一级减温器出入口温降 ΔT 到期望值来起到这方面的作用。一级过热汽温控制目标是屏过出口温度，其设定是负荷指令的函数，为使一级过热汽温控制达到目标值，一级过热汽温控制回路必须控制一级过热减温器出口温度到合适值，锅炉设计时一级减温器出入口温降 ΔT 与负荷是有对应关系的，负荷越高，温降反而减少，一级减温器出口温度加上设计温降 ΔT 就得到一级减温器入口温度值，此入口温度值与入口实际温度值相比较，当实际入口温度值偏高时，就需要减少分离器出口

微过热蒸汽焓，反之需要增加分离器出口微过热蒸汽焓。ΔT 调节器输出用来修正分离器出口微过热蒸汽焓给定值，从而改善燃水比，进而达到稳定汽温的作用。

7.4 过热汽温控制系统

设有两级喷水调节，以维持过热器出口汽温在给定值。因过热汽温只有当锅炉负荷大于一定值时才能达到额定值，因此给定值是负荷（蒸汽流量）的函数，使系统能全程投入运行。两个调节系统均用串级调节，两系统串联运行。

一级过热器减温水调节阀的主调被调量为二级过热器出口联箱出口温度，辅调被调量为二级过热器入口联箱入口温度；二级过热器减温水调节阀的主调被调量为末级过热器出口联箱出口温度，副调被调量为末级过热器入口联箱入口温度。

7.5 再热蒸汽温度控制系统

再热蒸汽温度的可控性主要取决于锅炉设计尤其是受热面布置的合理性，并需要采用多种调温方式有效结合。雷州电厂项目再热蒸汽温度采用"烟气再循环＋烟气挡板＋燃烧器摆角＋事故减温水"的分级联合控制方案。再热蒸汽温度分级联合控制原理如图7-6所示。

（1）烟气再循环降低炉膛的火焰温度，增加了烟气的体积流量，削弱炉膛内的辐射换热量，强化了尾部受热面的对流换热量，实现主、再热蒸汽吸热量的调整。通过调节烟气再循环量来尽量消除一、二次再热器出口汽温与设定值的偏差，控制对象为两级再热器出口汽温的平均值，设定值与机组负荷相对应。水平烟道烟气温度、再热器喷水后蒸汽温度及负荷指令作为前馈信号，

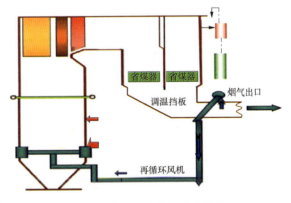

图 7-6 再热蒸汽温度分级联合控制原理

当其发生变化时，提前施加不同的控制作用以提高控制系统响应速度。当锅炉MFT（主燃料跳闸）时，烟气再循环变频风机保持与汽水分离器压力对应的固定值。

（2）燃烧器摆角通过摆动燃料和空气喷嘴，使炉膛中火焰位置抬高或降低，从而改变热量在主、再热蒸汽之间的分配。采用以前馈为主导、辅以稳定工况下汽温偏差修正的控制策略。主导的前馈信号是不同负荷点对应的摆角位置，同时考虑烟气量的修正、不同磨层组合的修正。结合当时工况下的汽温、烟温、锅炉负荷、变负荷速率及幅度等因素，设计合理的动态前馈，用于机组变负荷过程。汽温偏差修正仅用于稳定工况、在

一定幅度内进行。

（3）烟气挡板通过调整烟气量在一、二次低温再热器之间的分配，实现一、二次再热蒸汽温度的调节。使一次再热蒸汽温度与设定值之间的偏差与二次再热蒸汽温度与设定值之间的偏差相同的同时，维持再热蒸汽温度总体稳定。机组负荷指令作为前馈信号。一次再热器与二次再热器喷水后蒸汽温度偏差变化较快时，提前改变烟气挡板的开度以提高控制系统响应速度。当锅炉发生 MFT 时，烟气挡板强制开至 50％，保证前、后烟道烟气均匀分配。

（4）喷水减温限制了超高压缸的出力，使其进汽量减少，使整个机组的热经济性下降。正常运行时事故喷水应处于关闭状态，仅在超温、危急情况下使用。事故喷水要求尽快将汽温降至合理范围，防止超温，因此采用导前微分＋PID 的控制方式。当锅炉 MFT 或机组 RB 工况时，喷水减温阀将被强制关闭。

7.6 一次调频优化

7.6.1 优化目的

由于汽轮机配汽方式特点和接近纯滑压方式设计，机组正常带负荷运行过程中高调门调节裕度较小，导致机组响应电网调频能力很差，特别是一次调频考核严重。通过设计凝结水辅助一次调频功能和协调侧一次调频综合优化，提高机组在纯滑压运行过程响应调频负荷的能力，减少一次调频考核。

7.6.2 一次调频优化概述

7.6.2.1 凝结水参与一次调频控制原理

凝结水参与一次调频控制的基本原理是：利用改变凝结水流量，影响低压加热器热平衡从而改变低压缸抽汽量，进而改变机组负荷。其调节负荷作用具有速率快、幅度小和暂时性的特点，符合一次调频的调节特性。其主要流程如图 7-7 所示。

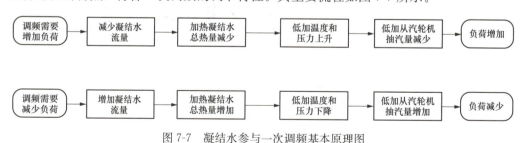

图 7-7 凝结水参与一次调频基本原理图

7.6.2.2 凝结水负荷响应特性的开环试验

为了验证凝结水节流对负荷的响应时间、幅度、除氧器水位变化等特性，开展了凝结水响应负荷的开环试验。

凝结水负荷响应特性开环试验的主要步骤是：

（1）机组退出 AGC 和一次调频功能，退出协调控制，机组处于手动方式。

（2）切除除氧器水位上水调门、凝结水泵变频至手动状态，维持除氧器水位稳定运行不少于 10min。

（3）由运行人员通过手动快速改变凝结水泵变频转速来改变机组的凝结水流量，要求凝结水流量变化在 300～500t/h。记录机组负荷、凝结水流量、除氧器水位、热井水位参数。

（4）改变凝结水流量后，待负荷稳定或除氧器水位变化至临界值附近，手动调整除氧器水位至正常值。试验反复多次进行。

本次优化过程是通过凝结水负荷响应的开环试验，确定凝结水流量变化后负荷的响应速度和幅度，并观察凝结水至低压加热器系统中凝汽器水位、除氧器水位、各低压加热器水位等主要参数变化过程。以开环试验的结果设计凝结水参与一次调频的控制方式和边界条件，保障凝结水参与一次调频的有效性和安全性。

7.6.2.3 凝结水一次调频功能设计

从凝结水参与一次调频过程的安全性出发，根据凝结水负荷响应的开环试验结果，本次设计的凝结水参与一次调频功能如下：

（1）在凝结水一次调频功能按钮投入情况下，将除氧器水位、凝汽器水位和凝结水压力在正常范围运行的条件，作为凝结水参与一次调频动作的允许条件。

（2）将网频一次调频动作信号作为凝结水参与一次调频动作的触发条件。

（3）将网频一次调频动作信号消失、除氧器水位过低（过高）、凝器水位过高（过低）、凝结水压力过低（过高）和运行人员手动退出按钮作为凝结水参与一次调频动作的复位条件。

（4）设计凝结水一次调频回路，当凝结水参与一次调频动作信号触发后，自动将除氧器水位控制回路切至凝结水一次调频回路，该回路根据调频功率计算输出当前凝泵频率指令下降一定量后的值，并在一次调频结束后以一定速率返回为动作前的凝泵频率。当无凝结水参与一次调频动作信号，该回路输出跟踪除氧器水位变频调节回路。

（5）为保证除氧器水位、凝结水压力在一次调频动作期间的安全控制，设计凝结水参与一次调频间隔时间，确保不会发生短时间内凝结水参与一次调频多次动作。

（6）考虑电网对机组一次调频动作时间要求，设计凝结水参与一次调频最多动作时间为 1min。

7.6.2.4 协调侧一次调频综合优化设计

1. 一次调频"快动缓回"功能设计

为提高一次调频动作时整体调频功率的贡献率，本次优化过程设计了当一次调频动作结束后，将协调侧接受的含一次调频分量的负荷指令设置一定惯性时间，从而提高一次调频负荷分量在调节过程的占比，提高调频功率的贡献率。

2. 风、水联动的一次调频功率控制功能设计

为了提高机组一次调频响应速度，尽管超超临界直流锅炉蓄热偏低，但还是要利用这部分蓄热，另一方面需要加快锅炉侧的响应，弥补蓄热不足。本次优化过程，通过设计增加磨煤机热风量、给水前馈量在一次调频过程中类似阶跃响应动作，同时前馈量恢复尽可能地平滑，保证锅炉燃烧调节可以较快增加（减少）出力，保证一次调频整体过程中能量及时释放和补充。

7.6.3 优化过程

7.6.3.1 凝结水一次调频功能优化过程

本次优化过程，凝结水参与一次调频动作的控制逻辑设计为三部分：凝结水一次调频触发回路、凝结水一次调频复位回路和凝结水一次调频动作回路。

结合凝结水系统的控制运行方式，根据高低负荷段上水调门和凝泵变频的自动运行方式，自动切换上水调门和变频作为参与凝结水调频的方式。

1. 凝结水一次调频触发回路

从一次调频动作机理、凝结水调频需要注意的相关参数安全角度考虑，本次优化过程对凝结水一次调频触发的条件设计如下：

（1）触发条件（相与）：

1）运行人员投入按钮。

2）调频功率绝对值大于 5MW，延时 3s。

3）凝结水主路调门在自动位且在水位模式。

4）机组负荷在 395~800MW 之间。

5）凝结水主路调门调水位自动偏差在 ±50mm 之间。

6）除氧器液位在 1800~2200mm 之间。

7）除氧器液位在 10s 内变化量在 ±20mm 之间。

8）凝结水母管压力大于 1.1MPa。

9）除氧器入口凝结水流量在 750~1800t/h 之间。

10）除氧器入口凝结水压力与除氧器压力的差值大于 0.015MPa。

11）给水流量在 10s 内变化量在 ±100t/h 之间。

12）凝汽器液位在 600~1000mm 之间。

13）6、7、8 号低加液位在 70~135mm 之间。

14）19、10 号低加液位在 −10~50mm 之间。

15）凝结水主路调门指令大于 40%。

（2）凝结水条件触发后，为了避免凝结水连续动作对系统的冲击，设计了间隔时间触发凝结水一次调频的控制策略，并考虑电网只考核一次调频 60s 的基本原则，设计凝结水一次调频动作信号为跟随脉冲 60s。

2. 凝结水一次调频复位回路

凝结水一次调频复位回路主要作用是在一次调频结束和凝结水系统出现异常问题时，及时切除凝结水一次调频功能，保证机组运行的安全性。本次优化过程对凝结水复位条件设计（相或）如下：

(1) 运行人员复位按钮。

(2) 凝结水主路调门不在自动或不在水位模式。

(3) 机组调频功率在±2MW 之间。

(4) 机组负荷小于 390MW 或大于 850MW。

(5) 凝结水主路调门调水位自动偏差大于 150mm。

(6) 除氧器液位小于 1750mm 或大于 2250mm。

(7) 除氧器入口凝结水压力与除氧器压力的差值小于 0.007MPa。

(8) 除氧器水位 10s 内变化量超过 100mm 或－100mm。

(9) 凝结水母管压力小于 1.1MPa。

(10) 凝结水主路调门开度小于 30%。

(11) 给水流量 10s 内变化量超过 100t/h。

(12) 凝汽器液位小于 550mm 或大于 1050mm。

(13) 6、7、8 号低加液位小于 62mm 或大于 135mm。

3. 凝结水一次调频动作回路

凝结水一次调频动作回路是关键控制回路，本次优化过程将凝结水一次调频动作回路的功能设计为以下几项：

(1) 凝结水一次调频动作前，凝结水一次调频动作回路处于跟踪状态。

(2) 凝结水一次调频动作时，原有的凝结水泵变频控制自动由除氧器水位控制回路切至凝结水一次调频动作回路。

(3) 凝结水一次调频动作时，设计了凝结水变频频率跟随调频功率变化的插值函数，并设置当前凝结水泵频率指令浮动±5Hz（当前上水调门指令浮动±15%）作为回路输出的动态上限和下限，保证凝结水泵频率在一次调频动作时的快速响应和安全运行。

(4) 凝结水一次调频动作结束时，为了保证使凝结水系统快速恢复稳定，设计凝结水泵变频指令返程控制，即快速恢复至一次调频动作前的变频指令记忆值。调频结束后的返程控制如图 7-8 所示。

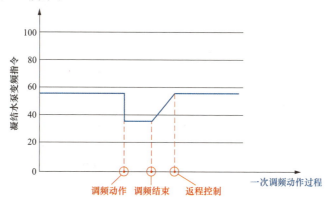

图 7-8　调频结束后的返程控制

7.6.3.2　协调侧一次调频综合优化

本次优化在协调侧进行了两项优化内容：设计实施一次调频指令"快动缓回"逻辑；给水和磨煤机入口风压在一次调频过程中的超前调节功能。

1. 一次调频指令快动缓回功能

为了提高一次调频动作过程的调频功率贡献率，设计一次调频指令快动缓回功能，其主要控制思想是一次调频快速动作但缓慢恢复，加长一次调频整体动作时间，此次优化过程设置一次调频恢复时间为 10s。

2. 协调侧风水联动的一次调频控制优化

由于超超临界机组蓄热很小，为了加快一次调频过程锅炉侧蓄热的快速补充和释放，此次优化过程在协调控制侧对给水流量和一次风压设计了微分型的超前调节回路。

7.6.4　优化结果

在凝结水辅助一次调频功能及协调侧一次调频优化功能投入后，观察运行情况（见图 7-9），一次调频动作过程中，凝结水能及时正确动作，并对系统的扰动在安全运行范围内。

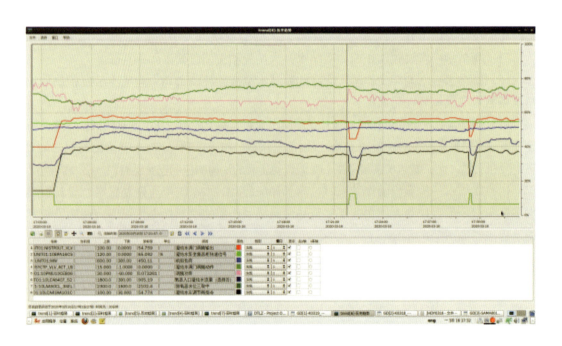

图 7-9　凝结水调频投入后的实际动作情况

3月10日现场投入1号机组凝结水调频功能，经过近一个月的连续运行，获取并分析南方电网对1号机组一次调频3月10日以后的考核数据，1号机组优化后的一次调频性能对比如表 7-1 所示。

表 7-1　　　　　　**1 号机组优化前后一次调频考核数据对比表**

阶段	时间	动作次数	错误次数	合格率(%)	考核电量(MW/h)	备注
优化前	2.19～2.29	17 395	42	99.75	500	合格率提高0.1%,考核电量减少250MW/h
	3.1～3.10	5034	19	99.64	750	
优化后	3.10～3.31	8102	5	99.94	0	
3 月总计	3.1～3.31	13 136	24	99.82	250	
合格率＝(动作次数－错误次数)/动作次数; 考核电量:合格率小于 99.9%,每低 0.1%,考核电量 250MW/h;投运率小于 90%,每低 1%,考核电量 500MW/h						

由表 7-1 数据可知,3 月 10 日凝结水调频投入后,1 号机组一次调频动作错误次数已有大幅度减少,21 天合格率提高 0.3%(动作基数 8102 次),综合全月合格率,降低了考核电量 500MW/h。4 月份截至 4 月 15 日,1 号机组一次调频合格率为 99.95%,考核电量为 0。优化前后 1 号机组一次调频不合格次数和考核电量对比如图 7-10 所示。

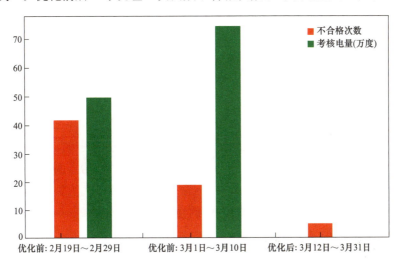

图 7-10　1 号机组优化前后一次调频考核信息对比图

7.7　二次再热机组变负荷运行优化

7.7.1　基本概念

影响机组低负荷运行热经济性的主要因素有系统设计、设备状况、运行方式等,其中只有运行方式可进行及时调整。因此,研究汽轮机变负荷运行时不同运行方式的特点及对热经济性的影响,选择最优的运行方式,对发电企业节能降耗意义重大。

目前,汽轮机运行方式主要包括定压运行和滑压运行。定压运行方式是指主蒸汽压力和温度保持不变,通过改变调节阀门的开度来控制机组负荷。一般定压运行的汽轮发电机组可以采用节流配汽，也可以采用喷嘴配汽。对节流配汽的调节是通过调速汽门的节流将主蒸汽压力降低到所需负荷对应的压力；而喷嘴配汽的调节是通过若干个调速汽门改变进汽度来改变负荷。滑压运行方式在理论上是指汽轮机滑压调节，在任何负荷下将所有调节阀门全开，使部分负荷下节流损失最小。实际上还有一种滑压运行方式，即部分调节阀门全开，部分全关，这样在部分负荷时满足进汽量要求，也可以维持一定的主蒸汽压力。与全开所有调节阀滑压运行相比，全开部分调节阀滑压运行虽然可能使调节级效率降低，但因为调节级焓降的增加，整个机组的热经济性仍可能得到改善。由于上汽机组采用全周进汽方式，其效率高，汽轮机热耗低，但是对于调峰的角度来讲，其优势并不明显。因此，上汽机组滑压曲线值偏高，正常运行时，在额定压力下，其综合阀位一般在 80% 以下，造成超高调阀长期在 30% 以下，尤其低负荷时，超高调阀关至24% 左右，甚至高调阀和中调阀也参与调节，不利于机组安全稳定运行。因此，通过调研和摸索，我们在现有的负荷情况下，进一步降低机组的运行压力，来控制超高调阀的开度，稳定负荷下，超高调阀开度在 40% 以上，进一步降低节流损失，通过节能分析可以确定大约降低供电煤耗 3g/kWh 到 5g/kWh。

定压运行的优点在于循环热耗率高；缺点在于调节级效率低，高压缸排汽温度低引起再热蒸汽温度的不稳定，以给水泵耗功为代价换来了较高的热力初参数。滑压运行的优点在于：滑压运行时由于运行压力下降给水泵耗功减少，汽轮机内效率提高，高压缸排汽温度较高，再热蒸汽温度易于维持。缺点在于循环热效率低。

采用定-滑-定或者定-滑运行方式综合了两种运行方式的优点，在最低负荷之下进行初压水平较低的定压运行，保持锅炉的低负荷稳定。具体地，在负荷降低时，循环热效率的优势逐渐被其他方面抵消。这个转折点，即滑压运行的起始点的确定受当前系统设备情况和凝汽器外部环境的影响，这个转折点的准确确定显得尤为重要。通过合理设置机组运行曲线，实现机组各工况下变负荷时的经济运行。

7.7.2 变负荷汽温调节方式

7.7.2.1 二次再热机组变负荷汽温调节方式研究

汽温对象具有时变性、不确定性、非线性等特点，并且会有一些随机的扰动产生，工艺流程复杂。同时，其还具有延迟和惯性较大等特性，特别是在机组变负荷时，常规PID 控制方法更难以取得满意的控制效果，具体表现在机组运行过程中主蒸汽温度波动大、管屏壁温超温多，锅炉减温水调门动作频繁、剧烈、磨损大，机组安全和经济性能得不到可靠保证。

常规汽温控制系统基本均采用传统的"串级控制"的控制策略。其控制方案中未全面考虑机组动态变化时多个关键控制变量之间的关系。

通过分析超临界机组汽温系统的非线性、耦合性、级联传导性，以及多种因素间的关联性，掌握汽温变化的内部规律，辨识主蒸汽温度被控对象的数学模型，根据热力系统参数理论分析，最终得出主蒸汽温度控制系统控制策略的关键控制变量，进而制定有效汽温控制预测控制方案。

通过对换热器传热机理的分析，利用换热器进口和出口蒸汽间的比热容、换热器多容特性两个重要物理特征，设计基于物理机理的减温喷水控制策略。设计控制方案将被调参数，由换热器出口汽温变换为减温器出口汽温和减温器进口汽温，控制对象不再是大惯性、大延迟对象，成为快速响应对象。通过解决汽温大惯性和非线性系统的过程控制问题，提升大范围负荷变化时过、再热器减温水控制稳定性。

协调控制系统与汽温控制系统是相互关联、耦合性较强的，负荷变动过程中，汽温的被控对象也随之而变化。雷州电厂项目采用以锅炉跟随为主的协调模式，采用炉主控来控制燃料主控，同时通过炉主控来算出对应水量，通过中间点修正水煤比的型式。因此，汽温控制系统的优化需要建立在协调控制系统控制品质优良的基础上。主要优化核心是通过对机组的主蒸汽压力和温度等参数进行预测，通过对未来的预测值进行控制，提前调节锅炉的热负荷，改善机组的负荷调节性能，并减小主蒸汽温度和主蒸汽压力等关键参数的波动。实现即使在变负荷等剧烈变化的工况下，各级汽温控制品质依然平稳、快速。

7.7.2.2　二次再热机组主蒸汽温度及一二次再热蒸汽温度的协调控制

由于二次再热机组汽水流程长，燃水控制点至主、再各级汽温测点间的控制环节多、流程跨度长，在传统的汽温控制策略中，各级汽温控制相互独立，各环节间缺乏协调统一性，系统抗扰能力差，易发生局部调节受限引起的超温或低汽温现象。

二次再热超超临界机组汽温控制，如果不能有效保证中间点温度（通过煤水比、风煤比的调节）快速、稳定，仅仅通过烟气再循环和烟气挡板等调节手段很难保证过热汽温和一、二次再热蒸汽温度在合理范围内，所以这也是过热汽温和一、二次再热蒸汽温度控制的基础。因此，对于二次再热机组汽温控制，应当将整个汽水系统视作一个整体，对各级汽温进行协调控制。

设计一种基于汽温智能传递技术的汽温控制策略。利用汽温控制系统级联传导规律，将每一级汽温变量信息按照一定方式传递至其上游和下游控制回路，形成基于双向传递规则的汽温控制规则。利用正向传递规则，将各级控制响应逐级向下游传递，由于其控制传递速度高于汽温的自然传导速度，有效加快系统调节响应速度；利用逆向传递规则，将各级汽温控制需求逐级向上传递，积累至水冷壁流量控制，改变总给水流量，以达到新的燃水配比，并始终保证减温水控制裕量与各级汽温控制精度，从而在正、逆双向传递过程中，不断建立汽温系统控制平衡点，进而能将会大大提高对汽温的响应速度。

通过各级汽温协调控制方案，将各级汽温相互关联，提高每级汽温的响应速度及抗扰动能力。

7.7.2.3　1000MW 二次再热机组再热蒸汽温度分级联合控制策略

二次再热机组由于增加了一级再热系统，锅炉受热面布置及主/再的吸热比例发生了很大的变化，两级再热蒸汽温度的控制成了一个主要控制难点。两级再热系统承载了更多的机组负荷任务，其控制水准关系到机组发电效率及负荷控制水平。

针对二次再热机组再热蒸汽温度控制，单纯依赖一种调温手段很难满足各种工况下对两级再热蒸汽温度的控制。对此二次再热机组设计中提供了烟气再循环、燃烧器摆角、烟气挡板以及喷水减温等控制手段。但是各种控制手段对于再热蒸汽温度的影响程度及趋势大不相同，需要设计一种控制策略能够将多种调温方式有效结合、协同控制。

针对烟气再循环、燃烧器摆角、烟气挡板以及喷水减温四种调整手段对于再热蒸汽温度的影响程度及趋势，提出一种二次再热机组再热蒸汽温度分级联合控制策略。

（一）首先分析各种控制手段的特点，从而明确其各自控制功能

烟气再循环降低炉膛的火焰温度、增加了烟气的体积流量，削弱炉膛内的辐射换热量，强化了尾部受热面的对流换热量，可以实现主、再热蒸汽吸热量的调整。雷州电厂项目设 4 台烟气再循环风机，烟气再循环量 300～400t/h，烟气再循环提高后，对主汽、一二次再热蒸汽温度均有不同程度的影响，尤其是烟气再循环风机投入后，主蒸汽温度可以在过热度不变的情况下，温度上升约 30℃，再热蒸汽温度提高 40～50℃。由于烟气再循环风口进入炉膛的切圆形式与燃烧器的相反，对于烟气再循环风口的调整对水冷壁壁温、对主再热蒸汽温度的偏差均有不同程度的影响，尤其是后墙的烟气再循环风口的开度对前墙的壁温影响较大，从实际应用上看，通过关小后墙烟气再循环风口开度，可以将假想切圆往后墙推移，减轻前墙水冷壁辐射热量，从而降低前墙水冷壁温度，尤其在低负荷期间，下层磨煤机运行时，更加明显。

燃烧器摆角通过摆动燃料和空气喷嘴，使炉膛中火焰位置抬高或降低，从而改变热量在主、再热蒸汽之间的分配。值得关注的是，由于燃烧器摆角不同，相对应的假想切圆大小不一致，因此，对整个炉膛燃烧的影响较大，尤其遇到水冷壁壁温偏差时，调整降低燃烧器摆角，有利用炉膛温度的控制。另外主燃烧器摆角往上摆动，可以提高对应侧的主再热蒸汽温度。当汽温出现偏差时，可以通过控制两侧切圆燃烧器的摆角角度，来达到控制两侧偏差的目的。

烟气挡板通过调整烟气量在一、二次低温再热器之间的分配，来实现一、二次再热蒸汽温度的调节。但是烟气挡板对于整体再热蒸汽温度的调整效果不明显。通过再热挡板来调整一、二次再热蒸汽温度左右侧的偏差，效果也不明显。

喷水减温限制了超高压缸的出力，使其进汽量减少，使整个机组的热经济性下降，正常运行时事故喷水应处于关闭状态。仅在超温、危急情况下使用，当一二次再热蒸汽温度有出现偏差时，可以通过减温水进行调平，防止因受热面出现偏差时，导致再热蒸汽温度左右侧偏差过大，同时也可以控制一再和二再的汽温偏差不能过大，防止汽轮机膨胀出现异常。

（二）结合各控制手段的控制功能，进而提出分级联合控制策略的设计思路

（1）烟气再循环通过循环低温烟气，增强对流换热实现再热蒸汽温度总体"主调"。通过调节烟气再循环量来尽量消除一、二次再热器出口汽温与设定值的偏差，控制对象为两级再热器出口汽温的平均值，设定值与机组负荷相对应。水平烟道烟气温度、再热

器喷水后蒸汽温度及负荷指令作为前馈信号，当其发生变化时，提前施加不同的控制作用以提高控制系统响应速度。当锅炉 MFT（主燃料跳闸）时，烟气再循环变频风机保持与汽水分离器压力对应的固定值。

（2）燃烧器摆角根据负荷变化辅助调整，实现汽温控制动态加速。采用以前馈为主导、辅以稳定工况下汽温偏差修正的控制策略。主导的前馈信号是不同负荷点对应的摆角位置，同时考虑烟气量的修正和不同磨层组合的修正。结合当时工况下的汽温、烟温、锅炉负荷、变负荷速率及幅度等因素，设计合理的动态前馈，用于机组变负荷过程。汽温偏差修正仅用于稳定工况、在一定幅度内进行。

（3）烟气挡板的调整可以改变一次、二次再热间烟气分配，维持两级再热蒸汽温度平衡及"细调"。使一次再热蒸汽温度与设定值之间的偏差与二次再热蒸汽温度与设定值之间的偏差相同的同时，维持再热蒸汽温度总体稳定。机组负荷指令作为前馈信号。一次再热器与二次再热器喷水后蒸汽温度偏差变化较快时，提前改变烟气挡板的开度以提高控制系统响应速度。当锅炉发生 MFT 时，烟气挡板强制开至 50%，保证前、后烟道烟气均匀分配。

（4）喷水减温用于动态或紧急工况。事故喷水要求尽快将汽温降至合理范围，防止超温，因此采用导前微分＋PID 的控制方式。当锅炉 MFT 或机组 RB 工况时，喷水减温阀将被强制关闭。

（三）控制策略设计中需要注意的问题

（1）再热蒸汽温度控制策略的设计中，必须统一考虑烟气再循环与摆角、烟气挡板及减温喷水间再热蒸汽温度设定值的关联，比如当某侧再热减温喷水量较大，则降低相应侧烟气挡板的设定值。切实将四级再热蒸汽温度的控制对象作为整体进行考虑。

（2）热工自动控制品质的提升必须建立在执行机构灵敏、准确的基础上。针对常规机组普遍存在的摆动火嘴、烟气挡板卡涩、滞后等问题，必须从设计、选型、安装等方面充分考虑。通过再热蒸汽温度分级联合控制策略，将多种调温手段充分协调配合，以达到再热蒸汽温度控制的准确、快速及稳定。

1）烟气再循环通过循环低温烟气，实现主、再热蒸汽吸热量的调整，作为再热蒸汽温度总体"主调"；烟气再循环率每减少 1%，影响两级再热蒸汽温度变化为 0.85～1.32℃。

2）燃烧器摆角通过摆动燃料和空气喷嘴，改变热量在主、再热蒸汽之间的分配，实现汽温控制动态加速；燃烧器摆角每上摆 10°，影响两级再热蒸汽温度变化为 1.71～2℃。

3）烟气挡板通过调整烟气量在一、二次低温再热器之间的分配，维持两级再热蒸汽温度平衡及"细调"；烟气量份额每增减 1%，影响两级再热蒸汽温度变化幅度为 0.96～1.48℃。

4）喷水减温仅在再热蒸汽温度超温或危急情况下使用。

7.8 低温省煤器优化运行

7.8.1 基本概念

烟气余热利用是通过换热器回收锅炉排烟热量来加热凝结水或进入空气预热器的锅炉送风,回收利用部分热量,减少排烟热损失。在燃煤量不变的情况下,提高机组出力,增加发电量,提高机组效益,实现能量的梯级利用。在此背景下,低温省煤器得到快速发展。烟气经低温省煤器改造后,对机组其他设备运行影响不大,而锅炉排烟温度大幅降低,机组效率得以提高。

以一级低温省煤器原理为例,从汽轮机低压加热器引出部分或全部凝结水,送往锅炉侧低温省煤器,吸收烟气余热,降低排烟温度,吸收余热升温后的凝结水返回汽轮机热力系统,在汽轮机主蒸汽流量不变的条件下,使得汽轮机做功增加,提高了装置的经济性。低温省煤器水侧流程如图 7-11 所示。

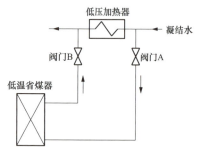

图 7-11 低温省煤器水侧流程图

对于低温省煤器的设计安装而言,主要是基于回热理论,其相关技术研究较多且较为成熟。然而对其优化运行及精细化调整,相关的控制策略研究较少,且均为宽泛的边界条件为基础,不考虑低温省煤器自身的节能特性,因此其节能空间并未被有效发掘。本章节在现有技术基础上,通过深入挖掘宽负荷运行条件下的低温省煤器运行特性,提出一种优化控制策略,进而实现低温省煤器的精细化调整,最大限度地发掘其节能潜力。

7.8.2 宽负荷运行边界条件下的低温省煤器吸热特性研究

通过热力学第二定律和回热循环理论可知,采用回热循环可以提高平均吸热温度。由于超超临界二次再热机组较一次再热机组热力系统更加复杂,其能源利用率的深度挖掘空间巨大。对两级低温省煤器的技术方案而言,不管是用凝结水降低排烟温度还是烟气-烟气换热方案,本质上都存在以单一工况或单一变量为控制目标带来的不可调整性。在新型电力系统的构建过程中,各区域乃至同一区域内不同机组的年平均负荷情况均存在较大差异,这样会造成低温省煤器实际运行中隐蔽性经济损失。

通过大量的现场性能试验数据对比分析,我们发现:对同一工况,在保证低温省煤器安全运行的条件下,不同的换热流量对最终的排烟温度存在较大影响,而且存在某一流量下的排烟温度拐点,因而通过试验数据得到其最佳流量并加以合理应用十分关键。

1. 低温省煤器热负荷特性

为了得到某一具体工况下的低温省煤器最佳入口流量,可通过调整定负荷下的流量变化,计算不同流量下的低温省煤器吸热量和,从而得到其热负荷与入口流量之间的关系。

由于低温省煤器水侧流量不能过小，否则将会导致低温省煤器管路内蒸发沸腾，影响安全运行，因此将低温省煤器入口流量控制阀 A 开度以 20％ 为最小运行点。

在机组年平均负荷下，阀门 A 开度调整为 20％，计算低温省煤器的吸热量 Q_{DW-1}，同时测量低温省煤器流量 q_1。

保持机组负荷不变，将阀门 A 开度增加 5％，计算低温省煤器的吸热量 Q_{DW-2}，同时测量低温省煤器流量 q_2。

仍然保持机组负荷不变，将阀门 A 开度以 5％ 幅度增加，直至将阀门 A 开度增加至 100％ 全开，并分别计算低温省煤器的吸热量 Q_{DW-3}，Q_{DW-4}，$\cdots$，Q_{DW-17} 和测量低温省煤器流量 q_3，q_4，$\cdots$，q_{17}。

将上述数据处理，计算出 Q_{DW-1}/q_1，Q_{DW-2}/q_2，$\cdots$，Q_{DW-17}/q_{17}，并与 q_1，q_2，$\cdots$，q_{17} 进行函数拟合，拟合为对数函数，并定义为低温省煤器吸热特性函数，即

$$Q_{DW}/q = ALn(q) + B \tag{7-7}$$

2. 宽负荷运行条件下的最佳入口流量确定

前面根据不同入口流量下的低温省煤器吸热量定义拟合了低温省煤器吸热特性函数，为了确定某一机组负荷下的最佳流量，还需要通过根据机组做工收益进行进一步处理。

根据汽轮机定主蒸汽流量等效焓降节能原理，低温省煤器投入使用后，对机组做功收益计算方法为

$$\Delta H = a_d \left[(h_{smq} - h_j)\eta_{j-1} + \tau_{j+1}\eta_{j+1} \right] \tag{7-8}$$

式中 ΔH ——在主蒸汽流量不变的前提下，系统获得的做功收益；

     a_d ——低温省煤器流量；

     h_{smq} ——低温省煤器的出水焓；

     h_j —— j 号低加的出水焓；

     η_{j-1} —— $j-1$ 级抽汽效率；

     τ_{j+1} —— $j+1$ 号低加水侧焓升；

     η_{j+1} —— $j+1$ 号低加抽汽效率。

为保证低温省煤器投入使用后机组经济性最高，即需确保式（7-8）中 ΔH 最大，将式（7-8）进行推导为

$$
\begin{aligned}
& a_d \left[(h_{smq} \quad h_j)\eta_{j-1} + \tau_{j+1}\eta_{j+1} \right] \\
&= \frac{q}{q_{ms}} \left(\frac{Q_{DW}}{q}\eta_{j-1} + \tau_{j+1}\eta_{j+1} \right) \\
&= \frac{1}{q_{ms}} (Q_{DW}\eta_{j-1} + q\tau_{j+1}\eta_{j+1})
\end{aligned}
\tag{7-9}
$$

式中 q_{ms} ——汽轮机主蒸汽流量。

根据定流量计算原理，q_{ms} 不变，即只要保证 $[Q_{DW}\eta_{j-1} + q\tau_{j+1}\eta_{j+1}]$ 最大即可，因此联合式（7-7），并将 $[Q_{DW}\eta_{j-1} + q\tau_{j+1}\eta_{j+1}]$ 对流量 q 求偏导，并将偏导函数等于零，最

后推导出热力系统经济性最佳状态下的流量 q，具体推导过程如下

$$(Q_{DW}\eta_{j-1} + q\tau_{j+1}\eta_{j+1})' = 0$$

$$\{q[ALn(q) + B]\eta_{j-1} + q\tau_{j+1}\eta_{j+1}\}' = 0$$

$$[ALn(q) + B]\eta_{j-1} + q\left(\frac{A}{q}\right)\eta_{j-1} + \tau_{j+1}\eta_{j+1} = 0$$

$$[ALn(q) + B]\eta_{j-1} + A\eta_{j-1} + \tau_{j+1}\eta_{j+1} = 0$$

最终求解上述公式，得出

$$q_{max} = e^{\left(\frac{-A\eta_{j-1} - \tau_{j+1}\eta_{j+1}}{\eta_{j-1}} - B\right)} \tag{7-10}$$

根据式（7-10），实时计算出对应汽轮机热力工况下的低温省煤器入口流量 q_{max}，即可确保热力系统经济性最佳。

7.8.3 宽负荷运行边界条件下的低温省煤器优化运行控制策略

结合宽负荷边界条件下的低温省煤器热力特性拟合推导过程，得到了最优解的具体计算方法。在实际运行调整过程中，机组工况变化具有不确定性，采用人为控制低温省煤器入口流量的方式不仅较为烦琐，而且在灵活性方面。针对这一问题，我们根据上述已经得到的低温省煤器热负荷特性，通过引入相关在线监测仪表和调节控制设备，将其特性进行系统内置，进而在不同机组负荷条件下，对低温省煤器的入口流量进行最优解自动寻求实现。

1. 热力系统硬件配置

为了实现上述的自动调整功能，需要在热力系统上配置相应流量、温度和压力仪表，并将信号传至 DCS，进行逻辑计算和控制。低温省煤器优化运行控制系统如图 7-12 所示。

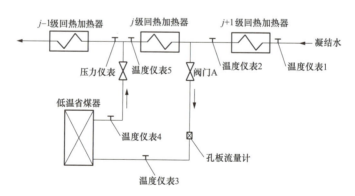

图 7-12 低温省煤器优化运行控制系统

一方面，需要对低温省煤器及其相搭配的换热器相关温度进行测量传输，即将温度仪表 1、2、3、4、5 测量温度信号 t_1、t_2、t_3、t_4 和 t_5 分别送入 DCS。

另一方面需要将压力仪表测量压力信号 P、孔板流量计测量流量信号 q、阀门 A 开度信号 $v\%$ 送入 DCS。

通过在热力系统中配置上述在线监视仪表，并将各个数据送入 DCS 控制系统，保证了后续在线实时调整的软硬件基础。

2. 低温省煤器吸热特性函数拟合

根据前述的方法，首先在机组年平均负荷下，对低温省煤器开展现场热负荷特性试验，即各机组特定热负荷条件下，通过调整低温省煤器入口流量控制阀，计算低温省煤器的吸热量 Q_{DW}，并测定低温省煤器入口流量。

根据前节采集的信号以及相关热力计算基础，低温省煤器的吸热量 Q_{DW} 计算方法为

$$Q_{DW} = q(h_{smq} - h_{j+1}) \tag{7-11}$$

式中　h_{smq} ——采用温度信号 t_4 和压力信号 P，利用水蒸气函数公式求得；

　　　h_{j+1} ——采用温度信号 t_3 和压力信号 P，利用水蒸气函数公式求得；

　　　q ——采用孔板流量计测量信号 q。

根据测定的相关试验数据将低温省煤器吸热特性函数拟合为对数函数，如式（7-7）所示。

3. 低温省煤器优化运行控制实现

按照前述宽负荷运行条件下的低温省煤器最佳入口流量确定方法，在 DCS 中进行组态搭建，得到

$$q_{max} = e^{\left(\frac{\frac{-A\eta_{j-1} - \tau_{j+1}\eta_{j+1}}{\eta_{j-1}} - B}{A} \right)} \tag{7-12}$$

式中　η_{j-1}、η_{j+1} ——利用汽轮机特力特性来获取；

　　　τ_{j+1} ——采用温度信号 t_1、t_2 和压力信号 P，利用水蒸气函数公式分别求得 $j+1$ 级回热加热器进、出水焓值 h_{j+1_J}、h_{j+1_C}，从而 $\tau_{j+1} = h_{j+1\_C} - h_{j+1\_J}$。

DCS 控制系统自动计算出最佳流量 q_{max}，并调整阀门 A 开度，使得孔板流量计测量流量信号 $q = q_{max}$。

7.8.4　优化结果

基于热负荷特性的低温省煤器优化运行控制策略研究，以低温省煤器热负荷特性为基准，将热负荷与低温省煤器水侧流量 q 关系进行拟合，并推导出具有创新性和应用性的最佳入口流量计算公式。在此基础上，通过热力系统的硬件配置和 DCS 组态搭建，实现了宽负荷运行条件下低温省煤器控制策略优化，不仅通过入口流量的精细化调整减少了隐蔽性经济损失，而且利用自动控制的方式减少了人工参与调节的迟滞性及不准确性。

参 考 文 献

［1］樊泉桂．超超临界锅炉设计及运行．北京：中国电力出版社，2010.

［2］朱全利．超超临界机组锅炉设备及系统．北京：化学工业出版社，2008.

［3］高昊天．超超临界二次再热机组的发展．锅炉技术，2014（4）1-3，33.

［4］韩磊．烟气再循环对 1000MW 二次再热锅炉汽温的影响．发电设备，2020，34（1）：9-13.

［5］蒋寻寒．燃煤火电机组宽负荷节能技术的理论与应用．热力透平，2020（2）：85-92.

［6］韩功博．1000MW 二次再热发电机组全容量给水泵选型浅析．电力设备管理，2021（5）：73-75.

［7］张晓清．1000MW 超超临界二次再热机组的化学清洗．清洗世界，2021（8）：1-4.

［8］冯志金．基于"凝结水节流"的一次调频技术在百万二次再热机组上的应用．科学技术创新，2022（7）：41-44.

［9］中国大唐集团有限公司．中国大唐集团有限公司空气预热器堵塞预防及治理指导．2018.11.

［10］杨志．电厂引水明渠导流隔热装置．广东电力设计院．